Kaufmännische Buchführung

1. Teil: Einführung

Ein Lehr- und Übungsbuch für Wirtschaftsschulen

StD   Waldemar Straube

StD   Rolf Arens

OStD Hermann-Josef Trappe

ISBN 3-8045-
6501-8

121., durchgesehene Auflage, 1994

Winklers Verlag

Gebrüder Grimm

Darmstadt

65011

Vorwort

Die „Kaufmännische Buchführung" erscheint in zwei Teilen. Der vorliegende 1. Teil führt systematisch in die doppelte Buchführung ein. Durch schrittweises Vorgehen, Herausstellen des Wesentlichen und planmäßiges Üben wird der Benutzer mit dem System der doppelten Buchführung vertraut gemacht.

Die Gliederung orientiert sich an den Rahmenlehrplänen für das Berufsfeld „Wirtschaft und Verwaltung".

Die einzelnen Sachgebiete werden umfassend, praxisnah und schülergerecht behandelt. Musterbeispiele mit Lösungen, Schaubilder, mehrfarbige Gestaltung und einprägsame Merksätze erleichtern das Erfassen der Zusammenhänge. Vielfältige Übungen mit unterschiedlichem Umfang und Schwierigkeitsgrad sowie Fragen zur Wiederholung und Vertiefung sichern den Lernerfolg. Sofern Musteraufgaben Umsatzsteuer enthalten, wird mit dem zur Zeit gültigen Steuersatz gerechnet.

Zu diesem Buch liegt ein Arbeitsheft vor.

Im Frühjahr 1986   DIE VERFASSER

Vorwort zur 114. Auflage

Die Vorschriften des „Dritten Buches des Handelsgesetzbuches (Handelsbücher)" machten eine Neubearbeitung erforderlich. Gleichzeitig wurde das Buch um einen zweiten Beleggeschäftsgang und um mehrere Geschäftsgänge zur Wiederholung erweitert.

Im Frühjahr 1987   DIE VERFASSER

Vorwort zur 116. Auflage

Der 1988 veröffentlichte neue Kontenrahmen für den Groß- und Außenhandel, der nach den handelsrechtlichen Gliederungsvorschriften für die Bilanz (§ 266 HGB) und für die Gewinn- und Verlustrechnung (§ 275 HGB) aufgebaut ist, machte wiederum eine Neubearbeitung erforderlich.

Im Frühjahr 1989   DIE VERFASSER

Vorwort zur 119. Auflage

Die Erhöhung der Umsatzsteuer ab 01.01.1993 erforderte eine erneute Überarbeitung.

Im Sommer 1992   DIE VERFASSER

65012

Inhalt

1   Die Aufgaben der Buchführung

Ein geordnetes kaufmännisches Unternehmen ist ohne Buchführung nicht mehr denkbar. Auch im kleinsten Einzelhandelsgeschäft muß der Kaufmann „anschreiben", was er von seinen Kunden noch zu fordern hat. Umgekehrt ist es natürlich auch wichtig zu wissen, welche Beträge er seinen Lieferern schuldet.

So ist aus einfachen Aufzeichnungen die Buchführung entstanden, nämlich aus dem Aufschreiben der Forderungen und der Schulden (Verbindlichkeiten).

Je größer das Unternehmen ist, desto umfangreicher werden die **Aufgaben der Buchführung.** Stand und Entwicklung des Unternehmens lassen sich nur dann erkennen und beurteilen, wenn aufgrund der Geschäftsvorfälle **lückenlose, zeitlich und sachlich geordnete Aufzeichnungen über**

Einnahmen und Ausgaben

Vermögen und Schulden

Aufwendungen und Erträge

gemacht werden. Geschieht das nicht, so geht der Überblick schnell verloren, und die Geschäftsleitung ist nicht dazu in der Lage, wirtschaftlich sinnvolle Entscheidungen anhand von buchhalterischen Unterlagen zu treffen.

> Es ist Aufgabe der Buchführung, alle Geschäftsvorfälle des Unternehmens, zeitlich und sachlich geordnet, aufzuzeichnen und der Unternehmensleitung Entscheidungshilfen zu geben.

Die **Zahlen der Buchführung werden** im Unternehmen **auch für andere Berechnungen benötigt.** Die **Kalkulation** (Kostenrechnung) kann ohne Aufzeichnungen der Buchführung keine Preisberechnungen aufstellen. **Die Statistik** verarbeitet die Zahlen der Buchführung zu Schaubildern, Diagrammen usw. Jede **Planungsrechnung** ist ohne Buchführung unmöglich.

> Die Buchführung muß rechnerische Unterlagen für die Kostenrechnung, Statistik und Planungsrechnung schaffen.

Die Aufgaben der Buchführung werden aber nicht nur von innerbetrieblichen Zwecken bestimmt. **Auch für Außenstehende ist die Buchführung** des Unternehmens **von Bedeutung.**

Dem Finanzamt gegenüber kann der Kaufmann durch eine ordnungsgemäße Buchführung nachweisen, daß sein Gewinn richtig ermittelt ist. Bei Rechtsstreitigkeiten hat die Buchführung Beweiskraft. Gesellschafter des Unternehmens können sich durch Einsicht in die Buchführung ein Bild vom Stand des Unternehmens machen. Die Sozialversicherungsträger (Krankenkassen usw.) überprüfen die Beitragszahlungen anhand der Buchführung des Unternehmens.

> Die Buchführung ermöglicht den Nachweis, daß das Unternehmen gegenüber Außenstehenden seine Verpflichtungen (Beitragspflicht, Steuerpflicht) erfüllt hat.

Zur Erfüllung dieser vielfältigen Aufgaben muß die Buchführung zweckmäßig organisiert und sorgfältig gehandhabt werden.

65014

2 Die gesetzlichen Grundlagen der Buchführung

Es gibt eine Reihe von gesetzlichen Vorschriften, die dem Kaufmann die Buchführung zur Pflicht machen. Die grundlegenden Vorschriften finden sich im **Handelsgesetzbuch** (HGB §§ 238–263). Dort heißt es:

„Jeder Kaufmann ist verpflichtet, Bücher zu führen und in diesen seine Handelsgeschäfte und die Lage seines Vermögens nach den Grundsätzen ordnungsgemäßer Buchführung ersichtlich zu machen (§ 238,1)."

, Eintragung ins Handelsregister

Diese Vorschrift gilt nur für Vollkaufleute, nicht für Minderkaufleute. Kaufleute, die nach § 238 HGB buchführungspflichtig sind, haben diese Pflicht auch im Interesse der Besteuerung nach **§ 140 Abgabenordnung** (AO) zu erfüllen.

Alle anderen Gewerbetreibende wie Minderkaufleute, Handwerker, Land- und Forstwirte **sind zur Buchführung verpflichtet, wenn sie** gemäß § 141 AO **eine der folgenden Voraussetzungen erfüllen:**

> Umsätze von mehr als 500 000,00 DM (im Kalenderjahr) oder
> Betriebsvermögen von mehr als 125 000,00 DM, *z.B. Maschinen*
> Gewinn aus Gewerbebetrieb von mehr als 48 000,00 DM (Kalenderjahr)

> Handelsgesetzbuch und Abgabenordnung enthalten die grundlegenden Bestimmungen über die Buchführungspflicht.

Handelsgesetzbuch und Abgabenordnung enthalten außerdem noch wichtige Vorschriften über die Ordnungsmäßigkeit der Buchführung.

Weitere steuerrechtliche Vorschriften zur Buchführung sind im **Einkommensteuergesetz** (ergänzt durch Einkommensteuerrichtlinien), im **Körperschaftssteuergesetz**, im **Umsatzsteuergesetz** und im **Gewerbesteuergesetz** enthalten. Das Handelsgesetzbuch enthält in den §§ 264–335 HGB ergänzende Vorschriften für die Buchführung der Kapitalgesellschaften und in den §§ 336–339 HGB die Vorschriften für Genossenschaften.

Vorschriften für den Jahresabschluß der Aktiengesellschaft findet man im **Aktiengesetz**. Das **GmbH-Gesetz** enthält die Bestimmungen für den Jahresabschluß der Gesellschaften, die als Gesellschaft mit beschränkter Haftung geführt werden. Die entsprechenden Vorschriften für die Genossenschaften findet man im **Genossenschaftsgesetz**.

Unternehmen, die nicht als Gesellschaften betrieben werden, aber trotzdem eine große wirtschaftliche Bedeutung haben, sind durch das **Publizitätsgesetz** zur Veröffentlichung ihres Jahresabschlusses verpflichtet.

> Aktiengesetz, GmbH-Gesetz, Genossenschaftsgesetz, Bilanzrichtlinien-Gesetz und Publizitätsgesetz ergänzen die Buchführungsvorschriften für bestimmte Unternehmensformen.

3 Die Ordnungsmäßigkeit der Buchführung

Die **Grundsätze ordnungsmäßiger Buchführung** sind **nicht in einem eigenen Gesetz** festgelegt, **sondern** ergeben sich aus dem **HGB,** der **AO,** dem **Aktiengesetz,** den **Einkommensteuerrichtlinien,** den **handels- und steuerrechtlichen Entscheidungen** und aus der **Fachliteratur.** Dadurch wurde die starre Bindung an ein bestimmtes Buchführungssystem vermieden und die Möglichkeit geschaffen, Veränderungen in der Buchführungstechnik und Buchführungsorganisation laufend zu berücksichtigen.

Ordnungsmäßig ist eine Buchführung, wenn sie „einem sachverständigen Dritten innerhalb angemessener Zeit einen Überblick über die Geschäftsvorfälle und über die Lage des Unternehmens vermitteln kann. Die Geschäftsvorfälle müssen sich in ihrer Entstehung und Abwicklung verfolgen lassen." (§ 238 HGB, § 145 AO).

Für die Ordnungsmäßigkeit ist es unerläßlich, daß die gesetzlichen Vorschriften zur Buchführung eingehalten werden. **Nur** eine **ordnungsmäßige Buchführung besitzt Beweiskraft** für Finanzbehörden und Gerichte. Stellen Finanzbehörden Verstöße gegen die Ordnungsmäßigkeit der Buchführung fest, so ermitteln sie die Besteuerungsgrundlage durch Schätzung, die erfahrungsgemäß für den Steuerpflichtigen nicht vorteilhaft ist.

Man unterscheidet zwischen der formellen und der materiellen Ordnungsmäßigkeit:

formell: Die vorgeschriebenen Bücher müssen mit der entsprechenden Sorgfalt geführt werden. Die Buchungen müssen in einer vertretbaren Zeitspanne auffindbar sein.

materiell: Alle Geschäftsvorfälle sind richtig und vollständig zu buchen.

Wichtige Grundsätze ordnungsmäßiger Buchführung:

- Alle <u>Aufzeichnungen</u> müssen <u>wahr, klar</u> und <u>übersichtlich</u> sein.
- Die <u>Geschäftsvorfälle</u> sind <u>vollständig, richtig, zeitgerecht</u> und <u>sachlich</u> <u>geordnet zu buchen.</u>
- Für alle Buchungen müssen <u>Belege</u> vorhanden sein (Belegzwang).
- <u>Eintragungen</u> oder Aufzeichnungen dürfen <u>nicht so verändert</u> werden, <u>daß</u> der <u>ursprüngliche Inhalt nicht mehr feststellbar</u> ist.
- Bei der Führung von Handelsbüchern hat sich der Kaufmann einer lebenden Sprache zu bedienen. Werden an Stelle eines Textes <u>Symbole</u> verwendet, muß deren Bedeutung <u>eindeutig festliegen.</u>
- Die <u>Eintragungen</u> müssen <u>für die Dauer der Aufbewahrungsfrist</u> <u>lesbar</u> sein.
- Zwischen den Buchungen dürfen <u>keine Leerräume</u> gelassen werden, die man zu späteren Eintragungen verwenden kann.
- <u>Alle Handelsbücher, Inventare und Bilanzen sind 10 Jahre lang auf-</u><u>zubewahren.</u> Die <u>Urschriften der eingehenden</u> sowie die <u>Durchschriften</u> <u>der ausgehenden Handelsbriefe</u> und alle als Buchungsgrundlage dienenden <u>Belege</u> müssen <u>6 Jahre lang aufbewahrt werden.</u>

65016

4 Die einfache Einnahmen- und Ausgabenrechnung

Private und öffentliche Haushalte erfassen mit Hilfe dieser Rechnung ihre Einnahmen und Ausgaben. Auch kleine gewerbliche Unternehmen führen zumindest ein Buch über die eingehenden und ausgehenden Zahlungen.

Das Haushaltsbuch der Hausfrau ist nach dem gleichen Prinzip aufgebaut. Es enthält gesonderte Spalten für Einnahmen und Ausgaben, mit denen man den Bestand des Bargeldes ermitteln und überwachen kann.

Die öffentlichen Haushalte verfahren ähnlich. Mit Einnahmen aus Steuern, Abgaben und Gebühren werden die Ausgaben für öffentliche Sicherheit, Schulen, Wohnungs- und Verkehrswesen usw. bestritten. Dabei gilt der Grundsatz: Keine Ausgabe ohne entsprechende Deckung durch Einnahme.

Auszug aus dem Haushaltsplan einer Gemeinde:

Haushaltstitel	Einnahmen	Ausgaben	Zuschuß/ Überschuß
Übertrag	6 993 000,00	10 450 000,00	− 3 457 000,00
Öffentliche Sicherheit	125 000,00	120 000,00	+ 5 000,00
Schulen	287 000,00	1 300 000,00	− 1 013 000,00
Wohnungs- und Verkehrswesen	195 000,00	970 000,00	− 775 000,00
Allgemeine Finanzwirtschaft	6 500 000,00	1 260 000,00	+ 5 240 000,00
	14 100 000,00	14 100 000,00	00,00

Steuerpflichtige, die nicht aufgrund gesetzlicher Vorschriften verpflichtet sind, Bücher zu führen und Abschlüsse zu machen, ermitteln den Gewinn als Überschuß der Einnahmen über die Ausgaben. In der einfachsten Form genügt hierzu ein Zweispaltenbuch. Am Schluß des Monats oder des Jahres stellt man die Einnahmen den Ausgaben gegenüber und ermittelt so den Betriebserfolg.

Beispiel einer Einnahmen-Ausgaben-Buchführung:

Tag	Monat Januar 19..	Beleg Nr.	Einnahmen	Ausgaben
	Übertrag:		44 101,00	42 270,00
29.	Reparatur Weber	E 61	120,00	
	Telefonrechnung Januar	A 20		348,00
30.	Verkäufe Elektroherde	E 62	8 695,00	
31.	Verkäufe Küchenmaschinen	E 63	2 064,00	
	Einkauf Büromaterial	A 21		12,00
			54 980,00	42 630,00
	·/. Ausgaben		42 630,00	
	Reingewinn		12 350,00	

5   Die Inventur

5.1   Das Wesen der Inventur

Nach § 240 HGB (Handelsgesetzbuch) und §§ 140, 141 AO (Abgabenordnung) muß der Kaufmann

1. beim **Beginn seines Handelsgewerbes,**
2. für den **Schluß eines jeden Geschäftsjahres**

3. bei Auflösung oder Veräußerung des Unternehmens

Vermögen und Schulden seines Unternehmens **feststellen.**

Die hierzu erforderliche **Tätigkeit** nennt man Bestandsaufnahme oder **Inventur.** Man sagt: Der Kaufmann macht Inventur.

Die Inventur erstreckt sich auf alle Vermögensteile und Schulden, die nach Art, Menge und Wert zu erfassen sind. Sie bezieht sich auf einen bestimmten Tag (Inventurstichtag).

Große **Teile des Vermögens** sind **körperlich vorhanden und lassen sich** durch Messen, Zählen, Wiegen und notfalls Schätzen **mengen- und wertmäßig erfassen.** Diese Art der Inventur bezeichnet man als **körperliche Inventur.**   *niedrigste Wert*

Die nichtkörperlichen Teile des Vermögens wie Forderungen an Kunden und Bankguthaben **sowie alle Schulden sind nur durch Aufzeichnungen** und Belege der Buchhaltung **zu erfassen** und zu belegen. Diesen Teil der Inventur nennt man **Buchinventur.**

> Die Inventur ist die mengen- und wertmäßige Bestandsaufnahme des Vermögens und der Schulden zu einem bestimmten Zeitpunkt (Stichtag).

> Körperliche Wirtschaftsgüter werden durch Messen, Zählen und Wiegen inventarisiert (körperliche Inventur).

> Nichtkörperliche Wirtschaftsgüter und Schulden weist man buchhalterisch nach (Buchinventur).

Da die körperliche Bestandsaufnahme mit erheblichem Arbeitsaufwand verbunden ist und der Geschäftsbetrieb möglichst wenig gestört werden soll, ist es notwendig, die Inventur sorgfältig zu planen und vorzubereiten.

Der Inventurstichtag wird im Rahmen der zulässigen Zeitspanne so gewählt, daß er möglichst günstig liegt. Ein Inventurplan legt Verfahren und Ablauf der Bestandsaufnahme fest. Man teilt das Unternehmen in Aufnahmebereiche auf, für die verantwortliche Mitarbeiter eingeteilt werden. Vorbereitete Listen, Vordrucke und Arbeitsanweisungen erleichtern die Arbeit. Durch Stichproben überprüft man die richtige und vollständige Erfassung der Wirtschaftsgüter.

---

1   Stellen Sie fest, in welchen Fällen man die körperliche Inventur durchführen kann und wo man zur Buchinventur übergehen muß.

(Debi)
(Kred.)

1. Warenvorräte K	5. Bankschulden B	9. Darlehnsschulden B
2. Forderungen an Kunden B	6. Kassenbestand K/B	10. Hypothekenschulden B
3. Verbindlichkeiten an Lieferer B	7. Postbankguthaben B	11. Geschäftsausstattung K
4. Fahrzeuge K	8. Bankguthaben B	12. Lagerregale K

65018

5.2 Die Verfahren der Inventur

Die **körperliche Aufnahme** muß **mindestens einmal im Laufe des Geschäftsjahres** durchgeführt werden. Das braucht nicht am Abschlußtag des Geschäftsjahres zu sein, sondern ist innerhalb bestimmter Fristen zulässig. Nach dem Zeitpunkt der Inventur unterscheidet man drei Verfahren. Der Kaufmann wählt daraus das Verfahren aus, durch das der Geschäftsbetrieb am Abschlußstichtag am wenigsten beeinträchtigt wird.

1. Stichtagsinventur

Man führt die Inventur **innerhalb einer Frist von 10 Tagen vor oder nach dem Abschlußstichtag** durch. In dieser Frist werden alle Vermögens- und Schuldteile inventarisiert. Die **Bestände am Abschlußstichtag** können **durch wert- und mengenmäßige Fortschreibung bzw. Rückrechnung ermittelt** werden. Man bezeichnet sie daher auch als ausgeweitete Stichtagsinventur.

Abschlußstichtag:	**30.06.** (Fortschreibung)			
Inventurbestand am 25.06.	250 Stück			25 000,00 DM
./. Verkäufe bis 30.06.	100 Stück	je 100,00 DM	10 000,00 DM	
+ Einkäufe bis 30.06.	80 Stück		8 000,00 DM	./. 2 000,00 DM
Inventurbestand am 30.06.	230 Stück			23 000,00 DM

Abschlußstichtag:	**30.09.** (Rückrechnung)			
Inventurbestand am 10.10.	400 Stück			20 000,00 DM
+ Verkäufe ab 30.09.	250 Stück	je 50,00 DM	12 500,00 DM	
./. Einkäufe ab 30.09.	150 Stück		7 500,00 DM	+ 5 000,00 DM
Inventurbestand am 30.09.	500 Stück			25 000,00 DM

2. Verlegte Inventur

Die **körperliche Bestandsaufnahme** erfolgt an einem Tag, der **innerhalb der letzten drei Monate vor oder innerhalb der beiden Monate nach dem Abschlußstichtag** liegt. Der am Inventurtag ermittelte Bestand wird **wertmäßig auf den Abschlußstichtag fortgeschrieben oder zurückgerechnet.**

3. Permanente Inventur

Warenbestandskartei

Sie bietet dem Kaufmann den größten Spielraum für die körperliche Erfassung. Wichtige **Voraussetzung** dieses Verfahrens **ist eine Lagerkartei**, aus der der Bestand nach Art und Menge jederzeit entnommen werden kann. **Einmal im Laufe des Geschäftsjahres muß durch Inventur die Stichhaltigkeit der Lagerkartei überprüft werden.**

---

2 Ein Großhandelsunternehmen hat als Abschlußstichtag den 31.03.

    a) Nennen Sie mögliche Inventurtage für die Stichtagsinventur. *21.3. – 10.4.*

    b) Nennen Sie mögliche Inventurtage für die verlegte Inventur. *31.12 – 31.5*

---

3 Ein Großhandelsunternehmen wendet die Stichtagsinventur an, Abschlußstichtag 31.12.

Inventurbestände am		05.01.	700 Stück	
Einkäufe	vom 02.01.—04.01.		600 Stück	(je 200,00 DM)
Verkäufe	vom 02.01.—04.01.		200 Stück	

300 Stück

Zusammenfassung einzelner Dinge (Fahrzeuge)

6   Das Inventar *(Niederschrift des ganzen)*

Das Ergebnis der Bestandsaufnahme trägt man in Listen ein, die geordnet und numeriert werden. Je nach Größe des Unternehmens können diese Aufzeichnungen den Umfang eines Buches annehmen. Sie bieten einen detaillierten Einblick in Vermögen und Schulden des Unternehmens.

Alle Ergebnisse faßt man in einem besonderen Verzeichnis, dem Inventar, zusammen.

> Das Inventar ist ein ausführliches Verzeichnis des Vermögens und der Schulden eines Unternehmens nach Art, Menge und Wert zum Abschlußstichtag.

Inventur = Bestandsaufnahme   Inventar = Bestandsverzeichnis

Haus | Fuhrpark | Maschinen → Anlagevermögen

Darstellung im Inventar:

A. Das Vermögen

Die **Gesamtheit aller im Unternehmen eingesetzten Werte** faßt man unter dem Begriff Vermögen zusammen. Im Inventar wird das Vermögen **nach der Flüssigkeit geordnet**, wobei man mit den am wenigsten flüssigen Mitteln beginnt. Daher werden an erster Stelle die Vermögenswerte aufgeführt, die lange im Unternehmen genutzt werden und erst nach langer Zeit wieder zu flüssigen Mitteln werden. Das Vermögen gliedert man in:

1. Anlagevermögen. Hierzu gehören alle **Vermögensbestandteile, die langfristig an das Unternehmen gebunden** sind, wie Grundstücke und Gebäude, Maschinen, Fahrzeuge, Betriebs- und Geschäftsausstattung usw.

Das Anlagevermögen ist für die Aufrechterhaltung des Unternehmens notwendig, weil es die Grundlage für die ganze Geschäftstätigkeit bildet.

2. Umlaufvermögen. Umlaufvermögen sind alle **Vermögensbestandteile, die nur kurzfristig im Betrieb bleiben**, die umlaufen und umgesetzt werden. Zum Umlaufvermögen gehören: Warenvorräte, Forderungen, Bargeld, Postbank-, Bank-, Sparkassenguthaben usw.

Das Umlaufvermögen unterliegt einem ständigen Umwandlungsprozeß, es ändert Form und Zusammensetzung kurzfristig. Durch den Warenverkauf entstehen Forderungen, diese werden beim Ausgleich der Rechnungen zu Zahlungsmitteln, die wieder zum Einkauf von Waren verwendet werden.

> Das Vermögen gliedert man in Anlage- und Umlaufvermögen, und zwar in der Reihenfolge zunehmender Flüssigkeit (Liquidität). Am Anfang der Vermögensaufstellung stehen die am wenigsten flüssigen (illiquiden), am Ende die flüssigen (liquiden) Bestandteile.

---

4   Ordnen Sie folgende Vermögensbestandteile dem Anlage- bzw. Umlaufvermögen eines Großhandelsunternehmens zu:

Grundstücke *A*   Kasse *U*

Waren *U*   Postbankguthaben *U*

Gabelstapler *A*   Verwaltungsgebäude *A*

Forderungen *U*   Lagerhalle *A*

Bankguthaben *U*   Geschäftsausstattung *A*

B. Die Schulden

Neben den Vermögensbestandteilen muß der Kaufmann auch seine Schulden erfassen. **Schulden werden** im Inventar **nach der Fälligkeit** bzw. Dringlichkeit der Zahlung **gegliedert**. Man unterscheidet:

1. Langfristige Schulden, wie Hypotheken- und Darlehnsschulden;

2. Kurzfristige Schulden, wie Bank- und Liefererschulden.

Schulden entstehen dadurch, daß Außenstehende Kredit gewähren. Die **Schulden sind** daher das im Unternehmen arbeitende **Fremdkapital**. Im Gegensatz dazu steht das **Eigenkapital** (siehe unten).

> Die Schulden gliedert man in langfristige und kurzfristige Schulden, und zwar in der Reihenfolge steigender Fälligkeit.

C. Die Ermittlung des Reinvermögens

Aus dem Unterschied zwischen der Summe des Vermögens und der Summe der Schulden kann der Kaufmann erkennen, wie hoch sein Reinvermögen ist. Die Summe des Vermögens wird mit der Summe der Schulden verglichen. Je niedriger die Summe der Schulden im Vergleich zur Summe des Vermögens ist, desto höher ist der Anteil des Reinvermögens (Eigenkapital). Das Reinvermögen ermittelt man:

> Summe des Vermögens
> ./. Summe der Schulden
> = Reinvermögen = Eigenkapital

Das Inventar besteht daher aus drei Teilen:

> A. Vermögen
>   I. Anlagevermögen
>   II. Umlaufvermögen
> B. Schulden
>   I. Langfristige Schulden
>   II. Kurzfristige Schulden
> C. Ermittlung des Reinvermögens

Da das Inventar dem Nachweis der in der Bilanz (Vgl. Seite 16 f.) aufgeführten und bewerteten Wirtschaftsgüter dient, bezieht sich die Unterschrift unter der Bilanz auch auf die ihr zugrundeliegende Inventarisierung.

---

5   Unterscheiden Sie Anlage- und Umlaufvermögen. Nennen Sie Beispiele dazu.
Unterscheiden Sie Eigen- und Fremdkapital. Führen Sie Beispiele dazu an.

Welche Bestände müssen durch eine Buchinventur festgestellt werden?
Welche Bestände eignen sich für eine körperliche Bestandsaufnahme?
Nennen Sie die wesentlichen Kennzeichen der permanenten Inventur.

---

6   Für welchen Teil des Inventars gilt die Gliederung nach der Liquidität?
Für welchen Teil des Inventars gilt die Gliederung nach der Fälligkeit?

Inventar
der Weingroßhandlung Peter Schulz, Osnabrück, für den 31. Dezember 19..

A. Vermögen	DM	DM
I. Anlagevermögen		
1. Gebäude, Turmstraße 39		126 000,00
2. Fuhrpark lt. bes. Verz., Anlage 1		32 500,00
3. Geschäftsausstattung lt. bes. Verzeichnis, Anlage 2		7 200,00
II. Umlaufvermögen		
1. Waren lt. bes. Verz., Anl. 3 - 8		
4 580 Flaschen Rhein-, Pfalz- und Naheweine	18 400,00	
5 130 " Mosel-, Saar- und Ruwerweine	25 700,00	
560 " Frankenweine	2 800,00	
350 " Badische Weine	1 600,00	
1 310 " Franz. Rotweine	7 900,00	
870 " Deutscher Sekt	5 200,00	61 600,00
2. Forderungen aus Lieferungen		
Herbert Möller, Osnabrück	3 730,00	
Thomas Kisters, Lengerich	2 850,00	
Otmar Diebisch, Tecklenburg	2 310,00	8 890,00
3. Kassenbestand		3 140,00
4. Bankguthaben		
Deutsche Bank, Zweigst. Osnabrück	7 800,00	
Stadtsparkasse Osnabrück	4 900,00	12 700,00
Summe des Vermögens		252 030,00
B. Schulden		
I. Langfristige Schulden		
Hypothekenschulden bei der Stadtsparkasse Osnabrück		32 600,00
II. Kurzfristige Schulden		
Verbindlichkeiten aus Lieferungen		
Paul Schmidt, Nierstein	4 450,00	
Gerhard Krüger & Co., Rüdesheim	5 770,00	
Bernhard Pauly, Bernkastel-Kues	7 560,00	17 780,00
Summe der Schulden		50 380,00
C. Ermittlung des Reinvermögens		
Summe des Vermögens		252 030,00
./. Summe der Schulden		−50 380,00
= Reinvermögen (Eigenkapital)		201 650,00

651412

Stellen Sie in den folgenden Übungen die Inventare auf. Beachten Sie dabei die auf der Seite 12 angegebene Gliederung.

7 Walter Körner, Krefeld, hat in seiner Schuhgroßhandlung zum 31. Dezember 19.. Inventur gemacht und folgende Vermögensbestände und Schulden festgestellt:

			DM
Gebäude, Ostwall 95			185 000,00
Geschäftsausstattung lt. bes. Verzeichnis			17 000,00
Waren:	Herrenschuhe	12 320,00	
	Damenschuhe	17 670,00	
	Kinderschuhe	5 460,00	
	Hausschuhe	1 940,00	
	Sonstige Waren	2 180,00	
Forderungen aus Lieferungen:			
	Peter Flören, Krefeld, Rheinstraße 8	1 069,00	
	Anni Meesters, Krefeld, Königstraße 34	3 554,00	
	Kurt Braun, Krefeld, Hochstraße 67	6 112,00	
Bargeld			1 280,00
Guthaben bei der Dresdner Bank, Filiale Krefeld			5 760,00
Hypothekenschulden bei der Westdeutschen Hypothekenbank AG, Düsseldorf			68 600,00
Verbindlichkeiten aus Lieferungen:			
	Johannes Müller & Sohn, Tuttlingen	17 370,00	
	Schuhfabrik Palatia AG, Pirmasens	10 120,00	
	Kinderschuhfabrik Karl Rütter, Kleve	2 860,00	

8 Die Schreibgerätegroßhandlung Oskar Schwinghammer, Dortmund, hat zum 31. Dezember 19.. folgende Vermögenswerte und Schulden festgestellt:

		DM
Gebäude, Hüttenstraße 17		226 000,00
Fuhrpark lt. Verzeichnis		162 000,00
Betriebs- und Geschäftsausstattung lt. Verzeichnis		24 000,00
Waren: Naßschreibgeräte lt. Verzeichnis		63 700,00
Trockenschreibgeräte lt. Verzeichnis		59 800,00
Bürokleinmaterialien lt. Verzeichnis		20 100,00
Forderungen aus Lieferungen:		
Rudolf Bremme, Witten	13 600,00	
Karl Saat & Co., Unna	11 900,00	
Friedrich Haferkamp, Schwerte	9 200,00	
Udo Jaksch & Sohn, Hagen	6 800,00	

Kassenbestand 4 800,00

Hypothekenschulden
bei der Hypothekenbank in Dortmund, Dortmund 72 800,00

Bankschulden bei der Westdeutschen Kreditbank, Dortmund 41 400,00

Verbindlichkeiten aus Lieferungen:

    Kurt Mahring, Bielefeld 12 900,00

    Werner Lommel, Menden 10 600,00

    H. Woehrmann Nachf., Essen 9 800,00

    Gustav Hellmann & Co., Oberhausen 7 300,00

---

9   Der Lebensmittelgroßhändler Helmut Reimann, Karlsruhe, hat zum 31. Dezember 19.. Inventur gemacht und folgende Werte festgestellt:

Gebäude, Hauptstraße 68 .... 120 000,00

Waren lt. Warenlisten:

    Fette und Molkereierzeugnisse 7 900,00

    Fleisch- und Wurstwaren 15 100,00

    Zucker und Zuckerwaren 11 800,00

    Getreideerzeugnisse 17 200,00

    Brot- und Backwaren 2 400,00

    Obstkonserven 12 300,00

    Gemüsekonserven 15 500,00

Kassenbestand 2 760,00

Forderungen aus Lieferungen:

    Ludwig Prellenthin, Pforzheim 2 310,00

    Hans Böckstein, Bruchsal 3 080,00

    Paul Wottke, Ettlingen 4 620,00

Verbindlichkeiten aus Lieferungen:

    Günter Schell & Co., Stuttgart 6 160,00

    Gebr. Krause, Köln 5 280,00

    Hartmut Petersen, Hamburg 9 835,00

Geschäftsausstattung lt. bes. Verzeichnis 18 000,00

Fuhrpark lt. bes. Verzeichnis 75 000,00

Darlehnsschulden bei Wilhelm Reimann, Karlsruhe 45 000,00

Guthaben bei der Postbank, Karlsruhe 3 180,00

Guthaben bei der

    Commerzbank, Karlsruhe 4 175,00

    Sparkasse der Stadt Karlsruhe, Karlsruhe 8 340,00

650114

10
11 Die Motorenwerke, Frankfurt, stellten per 31.12.19 . . folgende Inventurwerte fest:

	10	11
Fertigungsgebäude, Darmstädter Str. 13	480 000,00	472 000,00
Verwaltungsgebäude, Mainstr. 17	120 000,00	118 000,00
Lagergebäude, Darmstädter Str. 15	60 900,00	60 000,00
Fertigungsmaschinen lt. Liste	190 600,00	160 400,00
Werkzeuge lt. Liste	11 500,00	4 600,00
Betriebsausstattung lt. Liste	42 000,00	38 500,00
Fuhrpark lt. Liste	134 800,00	98 900,00
Rohstoffe lt. Liste	301 300,00	284 700,00
Hilfsstoffe lt. Liste	49 500,00	51 600,00
Betriebsstoffe lt. Liste	18 400,00	12 200,00
Unfertige Erzeugnisse lt. Liste	11 200,00	10 800,00
Fertige Erzeugnisse lt. Liste	129 400,00	188 800,00
Forderungen:		
Fahrzeugwerke, München	8 400,00	10 200,00
Gleißhammer, Hanau	11 000,00	9 300,00
Häringer, Freiburg	7 500,00	6 400,00
Janson, Hamburg	26 800,00	21 500,00
Kehringer, Berlin	4 600,00	00,00
Meister, Bremen	29 300,00	31 700,00
Petersen, Husum	5 900,00	4 800,00
Weißenborn, Krefeld	10 100,00	11 500,00
Sonstige Kunden	9 400,00	6 200,00
Kassenbestand	3 200,00	2 900,00
Hypothekenschulden	495 000,00	485 000,00
Darlehnsschulden	215 000,00	209 000,00
Bankschulden	87 400,00	169 200,00
Verbindlichkeiten:		
Deutsche Kupferhütte, Duisburg	51 500,00	56 900,00
Drahtwerke Leon, Nürnberg	12 000,00	14 700,00
Eisenhandel Süd, Nürnberg	48 900,00	51 500,00
Roh-Import, Emden	6 100,00	6 300,00
Westdeutsche Metall, Oberhausen	30 700,00	39 400,00
Sonstige Lieferer	3 400,00	4 000,00

Stellen Sie die Inventare für die beiden aufeinanderfolgenden Jahre auf,
und vergleichen Sie Vermögen, Schulden und Reinvermögen miteinander.

7 Die Bilanz

7.1 Die Bilanz und ihre Gliederung

Der junge Einzelhandelskaufmann Oskar Krüger hat ein Bankguthaben von 100 000,00 DM und bares Geld 40 000,00 DM. Damit gründet er ein Geschäft.

① Krüger hat 100 000,00 DM Bankguthaben und 40 000,00 DM Bargeld.

VERMÖGENS-WERTE | **QUELLEN**

VERMÖGENSWERTE	QUELLEN
Kasse 40 000,00	Eigene Mittel 140 000,00
Bank 100 000,00	

② Er kauft für 80 000,00 DM Waren gegen einen Bankscheck.

VERMÖGENS-WERTE | **QUELLEN**

VERMÖGENSWERTE	QUELLEN
Waren 80 000,00	Eigene Mittel 140 000,00
Kasse 40 000,00	
Bank 20 000,00	

③ Dann kauft er eine Geschäftsausstattung gegen 10 000,00 DM Barzahlung.

VERMÖGENS-WERTE | **QUELLEN**

VERMÖGENSWERTE	QUELLEN
Geschäftsausstattung 10 000,00	Eigene Mittel 140 000,00
Waren 80 000,00	
Kasse 30 000,00	
Bank 20 000,00	

④ Er kauft noch für 60 000,00 DM Waren hinzu, und zwar auf Kredit.

VERMÖGENS-WERTE | **QUELLEN**

VERMÖGENSWERTE	QUELLEN
Geschäftsausstattung 10 000,00	Eigene Mittel 140 000,00
Waren 140 000,00	
Kasse 30 000,00	Fremde Mittel 60 000,00
Bank 20 000,00	

650116

Krüger stellt die Vermögenswerte und die Vermögensquellen **in Kontenform dar.** Auf die **linke Seite** schreibt er die **Werte**, auf die **rechte Seite** schreibt er die **Quellen**, aus denen das Vermögen geflossen ist. Die 4. Aufstellung sieht bei ihm so aus:

Aktiva *(Vermögenswerte)*	**Bilanz**	*(Vermögensquellen)* Passiva
I. Anlagevermögen		I. Eigenkapital 140 000,00
Geschäftsausstattung 10 000,00		
II. Umlaufvermögen		II. Fremdkapital
1. Waren 140 000,00		Liefererschulden . . . 60 000,00
2. Kasse[1] 30 000,00		
3. Bank[1] 20 000,00		
200 000,00		200 000,00

Sein Eigenkapital kann Krüger auch unabhängig von der Ermittlung des Reinvermögens im Inventar feststellen. Er zieht von der Summe des Vermögens das Fremdkapital ab.

Da jeder Vermögenswert entweder durch eigenes oder durch fremdes Kapital finanziert worden ist, müssen beide Seiten dieser Aufstellung gleich groß sein. Weil die Endsummen gleich sind, nennt man diese Gegenüberstellung **Bilanz** (italienisch: bilancia = Waage). Die Vermögenswerte werden als Aktiva, die Vermögensquellen als Passiva bezeichnet.

Während im Inventar die Vermögensteile und die Schulden nach Art, Menge und Wert sehr detailliert ausgewiesen werden, faßt man **in der Bilanz Vermögen und Schulden gruppenweise** zusammen **und verzichtet auf alle Mengenangaben.** § 242 HGB verlangt neben der regelmäßigen Aufstellung des Inventars auch die Erstellung der Bilanz. Der **Unternehmer muß die Bilanz unter Angabe des Datums persönlich unterschreiben.** Damit zwingt der Gesetzgeber ihn, vom Stand des Vermögens und der Höhe der Schulden Kenntnis zu nehmen und die Richtigkeit zu bestätigen.

Eine umfangreiche Bilanz ergibt sich aus dem Inventar von Seite 12:

Aktiva	**Bilanz**	Passiva
I. Anlagevermögen		I. Eigenkapital 201 650,00
1. Gebäude 126 000,00		II. Fremdkapital
2. Fuhrpark 32 500,00		1. Hypothekenschulden . . 32 600,00
3. Geschäftsausstattung . . 7 200,00		2. Verbindlichkeiten 17 780,00
II. Umlaufvermögen		
1. Waren 61 600,00		
2. Forderungen 8 890,00		
3. Kasse[1] 3 140,00		
4. Bank[1] 12 700,00		
252 030,00		252 030,00

Osnabrück, den 8. Januar 19. .   *Peter Schulz*

---

1 Laut § 266 HGB werden Kassenbestand und Bankguthaben bei Kreditinstituten zu einer Position zusammengefaßt. Aus methodischen Gründen bleiben sie hier getrennt.

12 Vergleichen Sie, in welcher Anordnung die Vermögenswerte (Aktiva) und die Vermögensquellen (Passiva) im Inventar und in der Bilanz dargestellt sind.

> Die Bilanz ist die kurzgefaßte Gegenüberstellung von Vermögenswerten und Vermögensquellen.
>
> Die Bilanz ist vom Unternehmer unter Angabe des Datums persönlich zu unterschreiben.
>
> Summe der Aktiva = Summe der Passiva

Die Summengleichheit von Aktiv- und Passivseite der Bilanz kommt auch in folgenden Bilanzgleichungen zum Ausdruck:

Vermögen	=	Kapital
Vermögen	=	Eigenkapital + Fremdkapital
Eigenkapital	=	Vermögen ./. Fremdkapital
Fremdkapital	=	Vermögen ./. Eigenkapital

Die Bilanz zeigt auf der

Aktivseite	Passivseite
die Verwendung der Mittel	die Herkunft der Mittel
die Formen des Vermögens	die Quellen des Kapitals
die Art der Investierung	die Art der Finanzierung
Anlagevermögen + Umlaufvermögen = Vermögen	Eigenkapital + Fremdkapital = Kapital

Anschaffung (Geld anlegen)

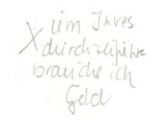

X um Jahre durchzuführen brauche ich Geld

gleich sein

Beide Seiten der Bilanz sind gleich; denn das Eigenkapital ist der Unterschied zwischen dem Vermögen und dem Fremdkapital.

13 Stellen Sie die Bilanzen nach den Inventaren der Aufgaben 7–11 auf, und stellen Sie für die Aufgaben 14–16 ebenfalls die Bilanzen auf.

14 Kugellagergroßhandlung Max Göbel KG, Leipzig.

Das Geschäftsjahr endet am 31.12.

Bankschulden	70 000,00
Darlehnsschulden	110 000,00
Forderungen	97 000,00
Fuhrpark	110 000,00
Geschäftsausstattung	75 000,00
Kasse	5 000,00
Postbankguthaben	18 000,00
Verbindlichkeiten	120 000,00
Waren	145 000,00

650118

15 Heimwerkerabholmarkt Otto Gerlacher, Dresden.

Das Geschäftsjahr endet am 30.06.

Bankguthaben	91 000,00
Darlehnsschulden	120 000,00
Forderungen	180 000,00
Gebäude	560 000,00
Geschäftsausstattung	190 000,00
Hypothekenschulden	220 000,00
Kasse	4 000,00
Postbankguthaben	5 000,00
Verbindlichkeiten	110 000,00
Waren	220 000,00

16 Laufwerke Hans Bülow, Hildesheim.

Das Geschäftsjahr endet am 31.03.

Bankguthaben	46 000,00
Darlehnsforderungen	88 000,00
Fuhrpark	75 000,00
Fertige Erzeugnisse	58 000,00
Forderungen	82 000,00
Geschäftsausstattung	44 000,00
Kasse	3 000,00
Maschinen	117 000,00
Postbankschuld	900,00
Roh-, Hilfs- und Betriebsstoffe	51 000,00
Unfertige Erzeugnisse	83 000,00
Verbindlichkeiten	219 000,00

7.2   Die Auswertung der Bilanz

Eine Bilanz ist schneller auszuwerten, wenn man ihre Zahlen vereinfacht. Man weist **auf der Aktivseite nur noch die Sammelbegriffe Anlagevermögen** und **Umlaufvermögen** aus und **auf der Passivseite nur noch** die **Summen des Eigenkapitals und des Fremd-kapitals.**

Aktiva		**Bilanz**	Passiva
Anlagevermögen	800 000,00	Eigenkapital	900 000,00
Umlaufvermögen	400 000,00	Fremdkapital	300 000,00
	1 200 000,00		1 200 000,00

Aussagen dieser Bilanz:

Das Kapital stammt mit 900 000,00 DM aus eigenen Mitteln.
mit 300 000,00 DM aus fremden Mitteln.
Das Vermögen ist zu 800 000,00 DM im Anlagevermögen investiert.
zu 400 000,00 DM im Umlaufvermögen investiert.

Die **vereinfachte Darstellung der Bilanz** von Seite 19 **zeigt** den Aufbau **(die Struktur) des Vermögens und des Kapitals.**

Ein sehr großer Teil des Vermögens ist im Anlagevermögen langfristig an das Unternehmen gebunden. Beruhigend ist die gute Ausstattung des Unternehmens mit Eigenkapital und der nur geringe Anteil des Fremdkapitals.

Es ist ein Zeichen solider Finanzierung, daß das gesamte Anlagevermögen mit Eigenkapital finanziert wurde. Darüber hinaus ist sogar ein Teil des Umlaufvermögens durch Eigenkapital abgedeckt.

Die Struktur der Bilanz wird noch stärker sichtbar, wenn man die absoluten Zahlen dieser Bilanz in relative Zahlen (%) umrechnet.

Aktiva				Bilanz		Passiva
Anlagevermögen ..	800 000,00	$66\,^2/_3$ %	Eigenkapital	900 000,00	75 %
Umlaufvermögen ..	400 000,00	$33\,^1/_3$ %	Fremdkapital	300 000,00	25 %
	1 200 000,00	100 %		1 200 000,00	100 %

diese Zahlen merken

17 Erstellen Sie aus den folgenden Anfangsbeständen eine Bilanz. Vereinfachen Sie diese wie auf Seite 19 und berechnen Sie den prozentualen Anteil des Anlage- und des Umlaufvermögens am Gesamtvermögen. Stellen Sie ebenfalls fest, wie hoch der prozentuale Anteil des Eigen- und des Fremdkapitals am Gesamtkapital ist.

Anfangsbestände:

Gebäude	520 000,00	Kasse	6 000,00
Fuhrpark	370 000,00	Postbankguthaben	4 000,00
Geschäftsausstattung	110 000,00	Hypothekenschulden	390 000,00
Waren	680 000,00	Bankschulden	220 000,00
Forderungen	310 000,00	Verbindlichkeiten	590 000,00

Beantworten Sie die folgenden Fragen:

Wie hoch ist der prozentuale Anteil vom Anlage- und Umlaufvermögen am Gesamtkapital?

Wie hoch ist der prozentuale Anteil des Eigen- und Fremdkapitals am Gesamtkapital?

Wie weit ist das Anlagevermögen durch Eigenkapital finanziert?

Worin liegen die wichtigsten Unterschiede zur Struktur der oben angeführten Bilanz?

650120

7.3 Inventar und Bilanz

Inventar- und Bilanzwerte ergeben sich aus der Inventur. Sie zeigen beide den Stand des Vermögens und der Schulden einer Unternehmung. Sie gelten für den gleichen Zeitpunkt, den Abschlußstichtag. Zu beiden Aufstellungen ist der Kaufmann gesetzlich verpflichtet. Die Art der Darstellung unterscheidet sich jedoch. Das ist auf die unterschiedliche Zwecksetzung der beiden Abschlüsse zurückzuführen.

Das **Inventar entspricht** dem Bedürfnis nach **detaillierter Information** über Art, Menge und Wert aller Vermögens- und Schuldbestandteile. Es ist daher sehr umfangreich und tief gegliedert und vermittelt einen Einblick in die Einzelheiten.

Die **Bilanz enthält einen kurzgefaßten Überblick** über Vermögen und Kapital. Einzelpositionen des Inventars werden in der Bilanz gruppenweise zusammengefaßt und ohne Mengenangaben dargestellt. Die Bilanz verschafft groben Einblick in die Vermögens- und Kapitalstruktur eines Unternehmens.

Inventar und Bilanz unterscheiden sich auch **in der Form**. Die Vermögens- und Schuldbestandteile stehen im **Inventar listenförmig** untereinander. In der **Bilanz** stehen Vermögen und Kapital einander **kontenmäßig gegenüber**.

Die folgende Übersicht verdeutlicht die Unterschiede zwischen Inventar und Bilanz:

Inventur	Inventar		Bilanz
Messen Zählen Wiegen	Detailliertes Verzeichnis aller Vermögens- und Schuldbestandteile mit Ermittlung des Reinvermögens.	Kompri- mierung	Komprimiertes Verzeichnis der gruppenweise zusammengefaßten Aktiva (Vermögen) und Passiva (Kapital) ohne Mengenangaben.
	● Ausführliche Darstellung der einzelnen Vermögens- und Schuldteile. ● Angabe der Mengen, der Einzelwerte und der Gesamtwerte. ● Darstellung des Vermögens, der Schulden und des Reinvermögens in Listenform.		● Kurzgefaßte, überschaubare Darstellung des Vermögens und des Kapitals. ● Angabe der Gesamtwerte der Aktiva und Passiva (Bilanzposten). ● Darstellung der Aktiva und der Passiva nebeneinander in Kontenform.

§ 257 HGB:
Inventare und Bilanzen sind 10 Jahre lang im Inventar- und Bilanzbuch aufzubewahren.

8   Die Veränderung der Bilanzposten

Tauschvorgänge

Wir können uns die Bilanz auch in Form einer Waage vorstellen:

	Waren	Kasse	Bank	Summe	Eigen-kapital	Darlehns-schulden	Verbind-lichkeiten
	7 000,00	1 200,00	3 800,00	12 000,00	6 500,00	3 000,00	2 500,00
1.	6 700,00	1 500,00	3 800,00	12 000,00	6 500,00	3 000,00	2 500,00
2.	6 700,00	1 500,00	3 800,00	12 000,00	6 500,00	4 000,00	1 500,00
3.	7 500,00	1 500,00	3 800,00	12 800,00	6 500,00	4 000,00	2 300,00
4.	7 500,00	1 500,00	3 200,00	12 200,00	6 500,00	4 000,00	1 700,00

Jeder Geschäftsvorfall verändert die Bilanz, und zwar in doppelter Weise. Dabei sind vier verschiedenartige Veränderungen der Bilanz möglich.

1. Aktivtausch

Wir verkaufen Waren gegen bar . . 300,00 DM

Der Aktivposten Kasse nimmt zu,
der Aktivposten Waren nimmt ab,
die Bilanzsumme ändert sich nicht.

2. Passivtausch

Eine Liefererschuld wird in eine Darlehnsschuld umgewandelt . . . 1 000,00 DM

Der Passivposten Darlehnsschuld nimmt zu,
der Passivposten Verbindlichkeiten nimmt ab,
die Bilanzsumme ändert sich nicht.

3. Aktiv-, Passivmehrung

Wir kaufen Waren auf Ziel . . . . . . 800,00 DM

Der Aktivposten Waren nimmt zu,
der Passivposten Verbindlichk. nimmt auch zu,
die Bilanzsumme wird größer.

4. Aktiv-, Passivminderung

Wir überweisen einem Lieferer durch die Bank . . . . 600,00 DM

Der Aktivposten Bank nimmt ab,
der Passivposten Verbindlichk. nimmt auch ab,
die Bilanzsumme wird kleiner.

650122

Jeder Geschäftsvorfall verändert zwei Posten der Bilanz.

Bei der Veränderung auf **einer** Bilanzseite gibt es einen

– Aktivtausch }
 oder   } = Mehrung eines Postens und Minderung eines anderen ohne Veränderung der Bilanzsumme
– Passivtausch }

Bei der Veränderung auf **beiden** Bilanzseiten gibt es eine

– Aktiv-, Passivmehrung   = Zunahme beider Bilanzseiten
 oder
– Aktiv-, Passivminderung = Abnahme beider Bilanzseiten.

Das Gleichgewicht beider Seiten der Bilanz bleibt stets erhalten.

---

18 Zeichnen Sie eine Bilanzwaage, und tragen Sie die Veränderungen ein.

Fragen Sie stets: – Welche Posten der Bilanz werden berührt?
– Handelt es sich um Aktiv- oder/und Passivposten?
– Wie verändert der Geschäftsvorfall die Bilanzposten?
– Welche der vier Arten der Bilanzveränderung liegt vor?

Aktiva: Waren 14 400,00 DM, Forderungen 2 500,00 DM, Kasse 1 800,00 DM, Bank 3 200,00 DM.
Passiva: Eigenkapital 12 800,00 DM, Darlehnsschulden 5 000,00 DM, Verbindlichkeiten 4 100,00 DM.

1. Ein Kunde zahlt bar   300,00
2. Eine Liefererschuld wird in eine Darlehnsschuld umgewandelt 1 200,00
3. Wir kaufen Waren auf Ziel   800,00
4. Ein Lieferer erhält durch Banküberweisung   600,00
5. Wir verkaufen Waren auf Ziel   200,00
6. Wir tilgen einen Teil der Darlehnsschuld bar 1 500,00

---

19 *Aktiva:* Geschäftsausstattung 31 800,00 DM, Waren 24 500,00 DM, Forderungen 12 200,00 DM, Kasse 1 600,00 DM, Sparkasse 21 700,00 DM.
Passiva: Eigenkapital 57 500,00 DM, Darlehnsschulden 11 400,00 DM, Verbindlichkeiten 22 900,00 DM.

1. Wir verkaufen Waren gegen bar 4 000,00
2. Wir überweisen an den Lieferer durch die Sparkasse 7 500,00
3. Eine Liefererschuld wird in eine Darlehnsschuld umgewandelt 2 900,00
4. Wir kaufen Waren auf Kredit 11 400,00
5. Wir bringen Geld zur Sparkasse 5 000,00
6. Wir überweisen einen Teil des Darlehns durch die Sparkasse 3 500,00
7. Wir verkaufen Waren auf Kredit 2 700,00
8. Wir kaufen einen Vervielfältiger gegen Sparkassenüberweisung 1 400,00
9. Erstellen Sie eine ordnungsgemäße Bilanz.

---

20 **Fragen:**

1. Auf welche Weise kann die Mehrung eines Aktivpostens durch die Veränderung eines anderen Bilanzpostens ausgeglichen werden?
2. In welcher Weise kann sich die Minderung eines Passivpostens bei einem anderen Bilanzposten auswirken?
3. Welche Aussage können Sie über das Bilanzgleichgewicht machen?

---

9 Die Auflösung der Bilanz in Konten

Wollte man jede Veränderung, die ein Geschäftsvorfall hervorruft, in der Bilanzform darstellen, so würde viel überflüssige Schreibarbeit zu leisten sein. Denn es verändern sich nur zwei Posten; die anderen müßten genauso übernommen werden, wie sie vorher schon dastanden. Außerdem benötigt man für jeden Bilanzposten eine genaue und übersichtliche Einzelabrechnung.

Daher löst man die Bilanz in Konten auf. Für jeden Bilanzposten wird **ein** entsprechendes **Konto** eingerichtet.

Man unterscheidet – entsprechend den Seiten der Bilanz – **Aktiv- und Passivkonten.** Sie nehmen aus der Bilanz am Anfang eines Geschäftsjahres, der Eröffnungsbilanz, die Bestände auf (AB) und erfassen die Veränderungen aufgrund der Geschäftsvorfälle. Daher werden sie **aktive und passive Bestandskonten** genannt.

Bei allen Konten wird die linke Seite mit „**Soll**" (S) und die rechte Seite mit „**Haben**" (H) bezeichnet.

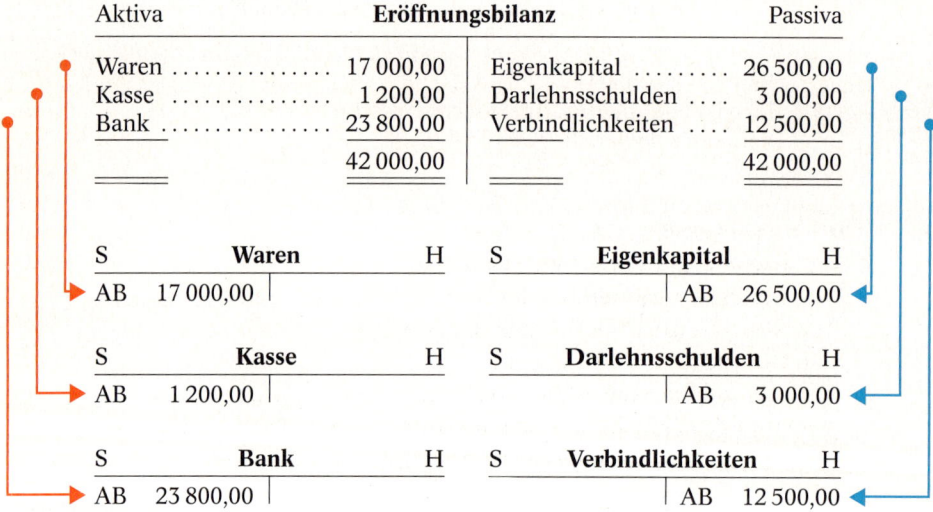

Aktiva		Eröffnungsbilanz		Passiva
Waren	17 000,00	Eigenkapital	26 500,00	
Kasse	1 200,00	Darlehnsschulden	3 000,00	
Bank	23 800,00	Verbindlichkeiten	12 500,00	
	42 000,00		42 000,00	

S	Waren	H		S	Eigenkapital	H
AB	17 000,00				AB	26 500,00

S	Kasse	H		S	Darlehnsschulden	H
AB	1 200,00				AB	3 000,00

S	Bank	H		S	Verbindlichkeiten	H
AB	23 800,00				AB	12 500,00

Die **Aktivkonten** nehmen die Anfangsbestände **auf der linken Seite** (Sollseite) auf, weil sie auch in der Bilanz auf der linken Seite stehen.

Die **Passivkonten** nehmen die Anfangsbestände **auf der rechten Seite** (Habenseite) auf, weil sie auch in der Bilanz auf der rechten Seite stehen.

---

21 Stellen Sie eine Eröffnungsbilanz auf, und lösen Sie diese in Konten auf.

	DM		DM
Geschäftsausstattung	17 200,00	Eigenkapital	?
Waren	20 600,00	Darlehnsschulden	15 000,00
Forderungen	6 400,00	Verbindlichkeiten	9 700,00
Kasse	800,00		
Bankguthaben	12 300,00		

650124

Auswirkungen von Geschäftsvorfällen in den Konten:

Zugänge *vermehren* die Anfangsbestände.
Abgänge *verringern* die Anfangsbestände.

Bei Aktivkonten:	Zugänge im Soll
	Abgänge im Haben
Bei Passivkonten:	Zugänge im Haben
	Abgänge im Soll

Muster eines aktiven Bestandskontos:

Soll		Kasse			Haben
Jan. 01. Anfangsbestand	680,00	Jan. 04. Zahlg. an F. Meyer ...	550,00
03. Zahlung v. G. Stein ...	330,00	05. Bürobedarf	66,00
05. Barverk. v. Waren	154,00	06. Bankeinzahlung	800,00
06. Zahlg. v. W. Gross	495,00	06. Fracht und Rollgeld ...	19,80
		06. Saldo (Schlußbest.) ...	223,20
	1 659,00		1 659,00

Soll		Kasse			Haben
Jan. 07. Saldovortrag	223,20		

Beim **Abschluß eines Kontos** geht man so vor:

1. Feststellen, welche Seite stärker ist.
2. Auf der schwächeren Seite (wenn nötig) eine Zeile frei lassen.
3. Abschlußstriche auf beiden Seiten ziehen.
4. Die stärkere Seite addieren.
5. Die Summe auch auf der schwächeren Seite einsetzen.
6. Auf der schwächeren Seite die Differenz (den Saldo) ergänzen.
7. Wenn nötig, Leerraum durch Schrägstriche entwerten.

---

22 Führen Sie ein Kassenkonto für die Woche vom 26. bis 31. März.

März 26.	Anfangsbestand (Saldovortrag)	325,85
26.	Zahlung von B. Mohn	187,00
27.	Zahlung für Fracht und Rollgeld	16,50
28.	Privatentnahme des Inhabers	200,00
29.	Bareinlage durch Abhebung vom Bankkonto	2 000,00
29.	Zahlung an W. Poth	352,00
30.	Bezahlung der Ladenmiete	1 480,00
30.	Zahlung von A. Berg	264,00
30.	Zahlung an den Fensterputzer	42,00
31.	Ladeneinnahme vom 26.—31. 03.	1 925,00
31.	Gehaltszahlung an die Verkäuferin	1 320,00
31.	Einzahlung auf Bankkonto	1 200,00

23 Tragen Sie folgende Vorgänge auf dem Bankkonto ein.

Juli 01. Anfangsbestand (Saldovortrag, Guthaben) 780,00
     03. Unsere Einzahlung 1 400,00
     04. Überweisung an das Finanzamt 280,00
     06. Überweisung an den Lieferer P. Brauer 979,00
     07. Zahlung des Kunden H. Prinz 154,00
     09. Barabhebung 500,00
     12. Lastschrift der Bank für Fernsprechgebühren 182,00
     15. Überweisung des Kunden G. Kremer 473,00

Schließen Sie das Konto zum 15. Juli ab. Tragen Sie den Saldo wieder vor.

24 Führen Sie ein Konto Forderungen (aus Lieferungen).

Juni 01. Anfangsbestand (Saldovortrag) 5 368,00
     02. Zielverkäufe lt. AR (Ausgangsrechnung) 195–197 935,00
     03. Barzahlung eines Kunden 209,00
     05. Banküberweisung eines Kunden 341,00
     07. Zielverkäufe lt. AR 198–202 .... 1 573,00
     08. Postbanküberweisungen von Kunden 1 397,00
     10. Zielverkauf lt. AR 203 405,00

Schließen Sie das Konto zum 10. Juni ab, und tragen Sie den Saldo vor.

Erhalten wir von unseren Lieferern Waren auf Ziel, so buchen wir im Konto **Verbindlichkeiten** (aus Lieferungen). Das Konto Verbindlichkeiten ist ein **passives Bestandskonto**. Die gelieferten Waren kommen ins Haben, unsere Zahlungen an die Lieferer ins Soll.

Soll		Verbindlichkeiten		Haben
Juli 19. Postbanküberw. (ER 275) .	4 560,00	Juli 01. Saldovortrag		9 348,00
26. Banküberw. (ER 276) ...	1 368,00	08. Zieleinkauf (ER 279)		5 700,00
31. Saldo	9 120,00			
	15 048,00			15 048,00

25 Stellen Sie ein Konto Verbindlichkeiten (aus Lieferungen) nach folgenden Angaben auf. Schließen Sie das Konto zum 30. September ab, und tragen Sie den Saldo vor.

Sept. 01. Anfangsbestand (Saldovortrag) 9 636,00
      03. Zieleinkauf lt. ER (Eingangsrechnung) 372 .... 1 353,00
      05. Banküberweisung für ER 366 .... 1 375,00
      08. Zieleinkauf lt. ER 373 .... 1 539,00
      12. Barzahlung für ER 368 .... 1 078,00
      15. Ausgleich der ER 367 durch Bankscheck 2 140,00
      17. Warenrücksendung betr. ER 370 572,00
      22. Postbanküberweisung für ER 371 913,00
      28. Zieleinkauf lt. ER 374 858,00
      29. Barzahlung für ER 369 452,00
      30. Zieleinkauf lt. ER 375 .... 2 670,00

650126

10   Das Buchen in Bestandskonten und der Kontenabschluß

Eröffnung der Konten: Zuerst wird die Eröffnungsbilanz in Aktiv- und Passivkonten aufgelöst und der Anfangsbestand jedes Kontos vorgetragen.

Laufende Buchungen: Anschließend werden die Geschäftsvorfälle aufgrund der vorhandenen Belege (z.B. Bankauszüge, Ein- und Ausgangsrechnungen) in den entsprechenden Aktiv- bzw. Passivkonten gebucht.

Jeder Geschäftsvorfall bewirkt Veränderungen auf zwei Konten. **Fragen Sie:**

> 1. Welche Konten werden berührt?
> 2. Handelt es sich um Aktiv- oder Passivkonten?
> 3. Wie verändert der Geschäftsvorfall die Bestände?

Bei den Aktivkonten stehen auf der Sollseite der Anfangsbestand und die Zugänge (+), auf der Habenseite die Abgänge (—).

Soll	**Aktivkonten**	Haben
Anfangsbestand + Zugänge		— Abgänge

Bei den Passivkonten ist es umgekehrt. Hier stehen Anfangsbestand und Zugänge auf der Habenseite (+), die Abgänge auf der Sollseite (—).

Soll	**Passivkonten**	Haben
— Abgänge		Anfangsbestand + Zugänge

Wie aus den folgenden Beispielen hervorgeht, wird jeder Geschäftsvorfall **doppelt** gebucht, einmal im **Soll** und einmal im **Haben**.

Erst Soll – dann Haben!

Beispiele:

Aktivtausch	*Wir verkaufen Waren gegen bar.* Der Kassenbestand vermehrt sich, der Warenbestand vermindert sich.	Buchung (+) Soll (—) Haben
Passivtausch	*Eine Lieferschuld wird in eine Darlehnsschuld umgewandelt.* Die Verbindlichkeiten vermindern sich, die Darlehnsschulden vermehren sich	(—) Soll (+) Haben
Aktiv-, Passivmehrung	*Wir kaufen Waren auf Ziel.* Der Warenbestand vermehrt sich, die Verbindlichkeiten vermehren sich auch.	(+) Soll (+) Haben
Aktiv-, Passivminderung	*Wir überweisen einem Lieferer durch die Bank.* Die Verbindlichkeiten vermindern sich, das Bankguthaben vermindert sich auch.	(—) Soll (—) Haben

Prägen Sie sich folgendes Schaubild ein!

	Aktivkonten		Passivkonten	
	Soll	Haben	Soll	Haben
1. Aktivtausch	+	—		
2. Passivtausch			—	+
3. Aktiv- und Passivzunahme	+			+
4. Aktiv- und Passivabnahme		—	—	

Wir buchen diese Geschäftsvorfälle in den Konten:

1. Wir verkaufen Waren gegen bar 200,00

   Kasse + (Soll) Waren — (Haben)

2. Eine Liefererschuld wird in eine Darlehnsschuld umgewandelt 1 000,00

   Verbindlichkeiten — (Soll) Darlehnsschulden + (Haben)

3. Wir kaufen Waren auf Ziel 1 400,00

   Waren + (Soll) Verbindlichkeiten + (Haben)

4. Wir überweisen an einen Lieferer durch die Bank 600,00

   Verbindlichkeiten — (Soll) Bank — (Haben)

Jeder Geschäftsvorfall wird doppelt gebucht:
zuerst im Soll – dann im Haben.

Abschluß der Bestandskonten: Nach dem Buchen der Geschäftsvorfälle werden am Jahresende alle Konten abgeschlossen, indem man den Schlußbestand (Saldo) errechnet und jeweils auf der schwächeren Seite einsetzt. Die errechneten Schlußbestände müssen mit den am Jahresende durch die Inventur ermittelten Beständen übereinstimmen.

Die Schlußbestände der Aktivkonten stehen im Haben,
die Schlußbestände der Passivkonten stehen im Soll.

Die **Schlußbilanz** wird aufgestellt, indem die Schlußbestände der Aktivkonten auf die Aktivseite der Schlußbilanz und die der Passivkonten auf die Passivseite der Schlußbilanz übertragen werden.

Aktivkonten:	Anfangsbestand + Zugänge	**Soll**
	Abgänge	+ Schlußbestand	**Haben**
Passivkonten:	Anfangsbestand + Zugänge	**Haben**
	Abgänge	+ Schlußbestand	**Soll**

650128

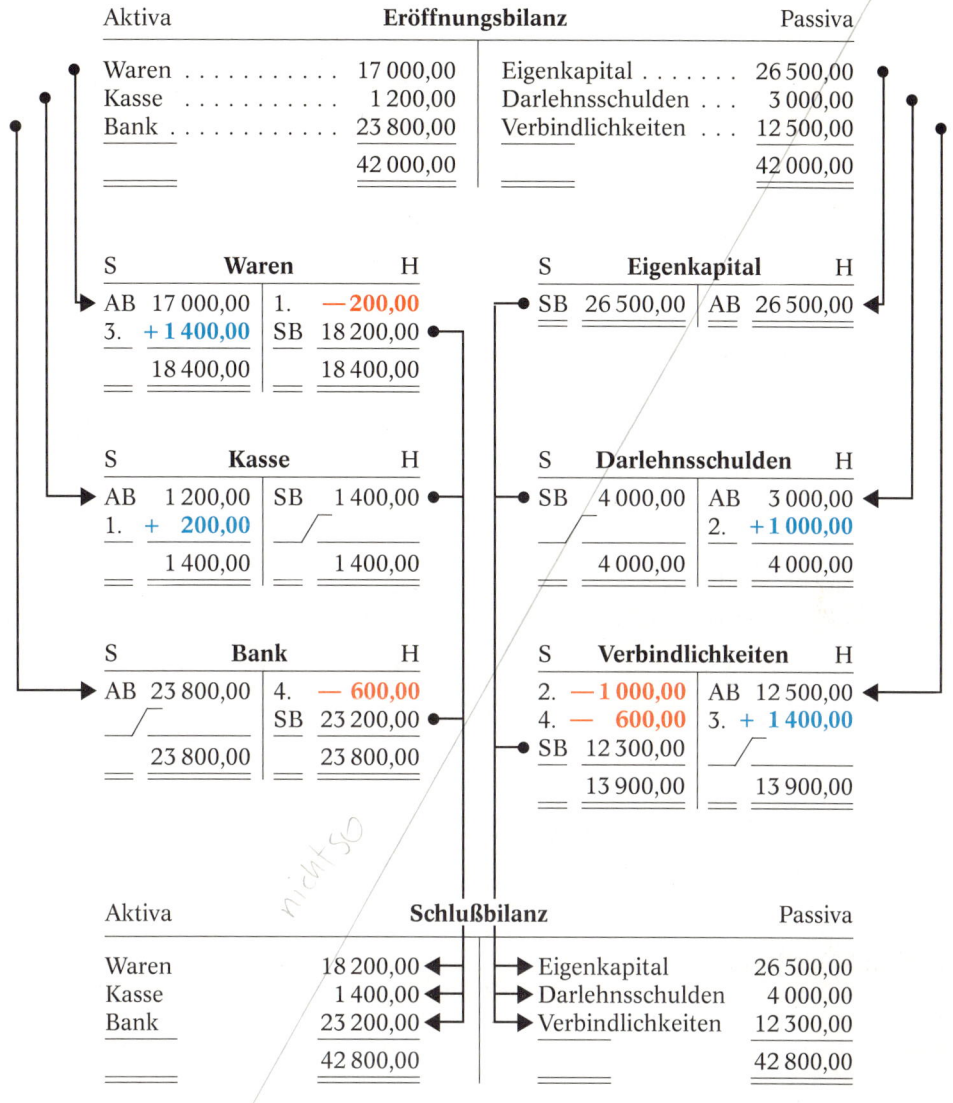

Aktiva		Eröffnungsbilanz			Passiva
Waren	. . . .	17 000,00	Eigenkapital		26 500,00
Kasse	. . . .	1 200,00	Darlehnsschulden . . .		3 000,00
Bank	. . . .	23 800,00	Verbindlichkeiten . . .		12 500,00
		42 000,00			42 000,00

S	Waren	H
AB 17 000,00	1.	− 200,00
3. + 1 400,00	SB	18 200,00
18 400,00		18 400,00

S	Eigenkapital	H
SB 26 500,00	AB	26 500,00

S	Kasse	H
AB 1 200,00	SB	1 400,00
1. + 200,00		
1 400,00		1 400,00

S	Darlehnsschulden	H
SB 4 000,00	AB	3 000,00
	2.	+ 1 000,00
4 000,00		4 000,00

S	Bank	H
AB 23 800,00	4.	− 600,00
	SB	23 200,00
23 800,00		23 800,00

S	Verbindlichkeiten	H
2. − 1 000,00	AB	12 500,00
4. − 600,00	3.	+ 1 400,00
SB 12 300,00		
13 900,00		13 900,00

Aktiva	Schlußbilanz		Passiva
Waren	18 200,00	Eigenkapital	26 500,00
Kasse	1 400,00	Darlehnsschulden	4 000,00
Bank	23 200,00	Verbindlichkeiten	12 300,00
	42 800,00		42 800,00

Die Soll- und Habenseite jedes Kontos weist die gleiche Summe aus, da der Schlußbestand immer auf der wertmäßig schwächeren Seite eingesetzt wird.

Die Schlußbestände der Aktiv- und Passivkonten müssen mit den am Jahresende durch
die Inventur ermittelten Beständen übereinstimmen.

Die Summen der Aktiv- und Passivseite der Schlußbilanz sind gleich, da jeder Geschäftsvorfall auf den Konten mit dem gleichen Betrag einmal im Soll und einmal im Haben
gebucht wird.

Lösungsweg von der Eröffnungs- zur Schlußbilanz:

1. Aufstellen der Eröffnungsbilanz.
2. Auflösen der Eröffnungsbilanz in Konten.
3. Vortragen der Anfangsbestände auf die Konten.
4. Buchen der Geschäftsvorfälle.
5. Abschließen der Konten.
6. Aufstellen der Schlußbilanz. *nicht so*

Überlegungen vor dem Buchen der Geschäftsvorfälle:

1. Welche Konten werden berührt?
2. Handelt es sich um Aktiv- oder Passivkonten?
3. Wie verändert der Geschäftsvorfall die Bestände?

---

26 Anfangsbestände: Waren 12 400,00 DM, Forderungen 1 500,00 DM, Kasse 600,00 DM; Verbindlichkeiten 5 900,00 DM, Eigenkapital ?

1. Verkauf von Waren gegen bar	1 300,00
2. Barzahlung eines Kunden	200,00
3. Wareneinkauf auf Ziel	2 700,00
4. Barzahlung an einen Lieferer	500,00

---

27 Benno Krause, Dortmund, hat am 01.10.19 . . folgende Anfangsbestände: Geschäftsausstg. 10 000,00 DM, Waren 8 000,00 DM, bares Geld 2 000,00 DM, Eigenkapital ?

1. Kauf einer Schreibmaschine gegen Barzahlung	600,00
2. Kauf von Waren auf Ziel	1 500,00
3. Verkauf von Waren gegen bar	500,00
4. Verkauf von Waren auf Ziel	1 000,00
5. Barzahlung eines Kunden	700,00
6. Bareinkauf von Waren	800,00
7. Barzahlung an einen Lieferer	1 500,00

---

28 Die Firma Biederstein & Co., Köln, eröffnet am 01.01.19 . . mit folgenden Anfangsbeständen: Geschäftsausstattung 8 500,00 DM, Waren 5 000,00 DM, bares Geld 1 400,00 DM; Verbindlichkeiten 2 000,00 DM, Eigenkapital ?

1. Barverkauf von Waren	1 000,00
2. Warenverkauf auf Ziel	800,00
3. Zahlung an einen Lieferer bar	1 200,00
4. Wareneinkauf auf Ziel	500,00
5. Barzahlung eines Kunden	400,00
6. Wareneinkauf gegen bar	1 100,00
7. Warenverkauf auf Ziel	600,00
8. Kauf eines Geschäftsrades gegen Barzahlung	400,00
9. Warenverkauf gegen bar	900,00
10. Einzahlung auf Bankkonto	700,00

650130

29 **Anfangsbestände:**

Gebäude	230 000,00	Eigenkapital	?
Geschäftsausstattung	40 000,00	Hypothekenschulden	160 000,00
Waren	54 700,00	Darlehnsschulden	21 400,00
Forderungen	21 500,00	Verbindlichkeiten	32 000,00
Kasse	4 800,00		
Bankguthaben	31 000,00		

Geschäftsvorfälle:

1. Verkauf von Waren auf Ziel 3 400,00
2. Barzahlung für Tilgung einer Darlehnsschuld 2 500,00
3. Kauf von Waren auf Ziel 5 800,00
4. Banküberweisung an einen Lieferer 2 600,00
5. Barzahlung eines Kunden 300,00
6. Eröffnung eines Postbankkontos durch Bareinzahlung 1 000,00
7. Umwandlung einer Liefererschuld in eine Darlehnsschuld 1 700,00
8. Warenverkauf gegen bar 900,00
9. Postbanküberweisung eines Kunden 100,00
10. Wareneinkauf auf Ziel 4 100,00
11. Banküberweisung für Hypothekenrückzahlung 10 000,00
12. Kauf eines Schreibautomaten gegen Bankscheck 8 400,00

30
31

Aktiva		Eröffnungsbilanz	Passiva
Geschäftsausstattung	5 800,00	Eigenkapital	16 100,00
Waren	12 600,00	Darlehnsschulden	6 000,00
Forderungen	3 200,00	Verbindlichkeiten	4 700,00
Kasse	1 040,00		
Bankguthaben	4 160,00		
	26 800,00		26 800,00

Geschäftsvorfälle:

	30	31
1. Wareneinkauf auf Ziel	1 200,00	1 500,00
2. Barzahlung eines Kunden	300,00	400,00
3. Teilrückzahlung des Darlehns durch Banküberweisung ...	2 000,00	2 500,00
4. Verkauf einer Ausstellungsvitrine gegen bar	400,00	300,00
5. Warenverkauf auf Ziel	580,00	620,00
6. Banküberweisung an einen Lieferer	960,00	840,00
7. Wareneinkauf bar	850,00	1 050,00
8. Einzahlung auf Bankkonto	600,00	500,00
9. Warenverkäufe bar	1 230,00	1 170,00
10. Banküberweisung eines Kunden	420,00	380,00
11. Barzahlung an einen Lieferer	1 040,00	960,00
12. Kauf eines Rollschrankes gegen Bankscheck	790,00	710,00

11 Der Buchungssatz

11.1 Einfache Buchungssätze

Nach den Grundsätzen ordnungsmäßiger Buchführung müssen für alle Buchungen **Belege** vorhanden sein (Belegzwang). Die Wichtigkeit des Beleges dokumentiert der Grundsatz:

Keine Buchung ohne Beleg.

Buchungsbelege können sein

- Originale der eingegangenen Schriftstücke
  (z. B. Eingangsrechnungen, Briefe, Auszüge der Bank, der Sparkasse oder der Postbank),
- Durchschriften der ausgegangenen Schriftstücke
  (z. B. Ausgangsrechnungen, Briefe),
- innerbetrieblich angefertigte Belege
  (z. B. Kassenbelege, Quittungen, Lohn- und Gehaltslisten).

Der Beleg ist das Bindeglied zwischen dem Geschäftsvorfall und der Buchung. Die Verbindung ergibt sich dadurch, daß vor dem Buchen die Belege artgemäß fortlaufend numeriert und mit einem Buchungsvermerk (meist Kontierungsstempel) versehen werden.

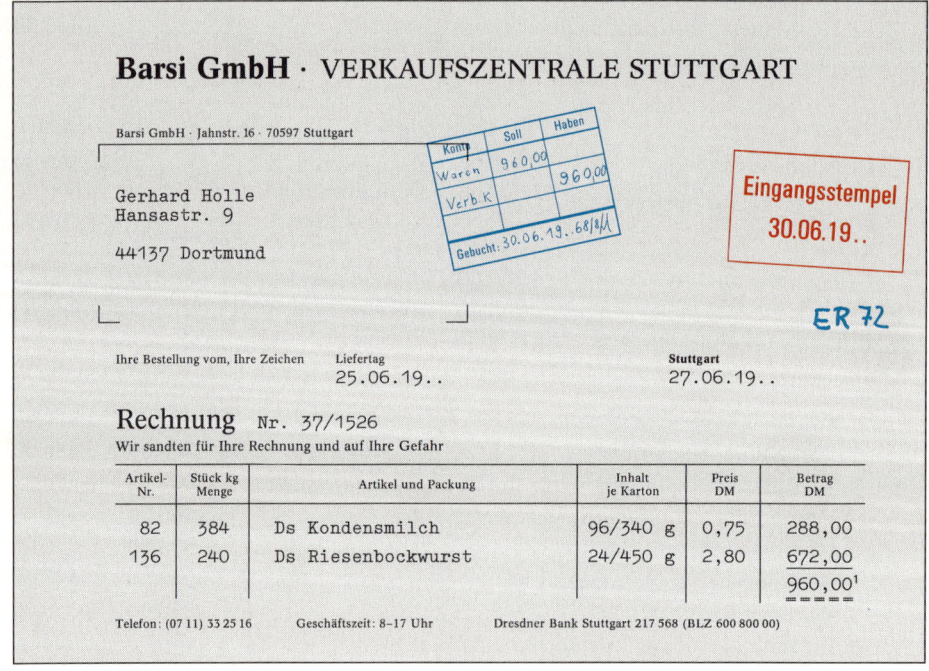

Aus diesem Beleg läßt sich folgender **Geschäftsvorfall** (Buchungstext) ablesen:

Wareneinkauf auf Ziel lt. ER 72 .... 960,00 DM

1 Die Umsatzsteuer bleibt aus methodischen Gründen unberücksichtigt.

650132

wichtig

Jeder Geschäftsvorfall wird doppelt gebucht. Die Buchungsarbeit wird in der Praxis im allgemeinen durch die **Kontierung** auf dem Beleg vorbereitet, d.h., es wird zuerst das Konto mit der Sollbuchung, dann das Konto mit der Habenbuchung genannt:

| Buchung: | Waren | Soll | . . . . 960,00 |
| | Verbindlichkeiten | Haben | . . . . 960,00 |

Bevor die Buchung auf den entsprechenden Konten erfolgt, werden alle Geschäftsvorfälle in zeitlicher (chronologischer) Reihenfolge im **Grundbuch** mit Tag, Belegangabe, Buchungstext, Kontierung und Betrag festgehalten.

Grundbuch *zeitlich*

Monat: Juni   Seite 8

Tag	Beleg	Buchungstext	Kontierung		Beträge	
			Soll	Haben	Soll	Haben
30.06.	ER 72	Zielkauf von Barsi	Waren	Verbindl.	960,00	960,00

Nach der Eintragung im Grundbuch nimmt der Buchhalter auf dem Beleg im Kontierungsstempel seinen Buchungsvermerk vor. Dieser enthält das Buchungsdatum, die Nr. (Monat) und die Seite des Grundbuches sowie das Namenszeichen.

Hauptbuch : sachlich

Für die Kontierung hat sich eine bestimmte Form der Darstellung entwickelt: **der Buchungssatz.** Im Buchungssatz wird immer zuerst das Konto mit der Sollbuchung genannt, dann das Konto mit der Habenbuchung. Beide Konten werden durch das Wort „an" verbunden.

Buchungssatz: **Waren an Verbindlichkeiten** 960,00

Eine **Sollbuchung** nennt man auch **Lastschrift**, eine **Habenbuchung Gutschrift**.

Aufgrund der Angaben im Grundbuch werden nun die Geschäftsvorfälle im Soll und Haben der entsprechenden Konten gebucht. Alle Konten sind im **Hauptbuch** enthalten. Hier sind die Geschäftsvorfälle nach ihrer sachlichen Zusammengehörigkeit angeordnet (z.B. Waren, Kasse, Bank).

Die **Buchung auf den Konten** im Hauptbuch sieht folgendermaßen aus:

S	Waren	H		S	Verbindlichkeiten	H
AB	15 400,00				AB	12 300,00
30.06. Verb.	960,00				30.06. Waren	960,00

Bei der Lastschrift im Warenkonto Soll wird vermerkt „Verbindlichkeiten", d.h., die Gegenbuchung (Gutschrift) ist im Haben des Kontos Verbindlichkeiten zu finden. Bei der Gutschrift im Konto Verbindlichkeiten Haben wird vermerkt „Waren", d.h., die Gegenbuchung (Lastschrift) muß im Soll des Warenkontos stehen.

Durch die Eintragung des Gegenkontos erkennt man auf einem der beiden Konten bereits den zugrundeliegenden Geschäftsvorfall. Gleichzeitig ist die Buchung dadurch jederzeit leicht nachzuprüfen.

Der **Buchungssatz** nennt die Konten, auf denen ein Geschäftsvorfall gebucht werden muß.

Zuerst wird das Konto mit der Sollbuchung (Lastschrift) genannt; es folgt das Wort „an" und dann das Konto mit der Habenbuchung (Gutschrift).

Das **Grundbuch** nimmt die Geschäftsvorfälle in zeitlicher Reihenfolge auf.

Das **Hauptbuch** enthält die Buchungen nach sachlicher Zusammengehörigkeit.

---

32 Bilden Sie die Buchungssätze für die folgenden Geschäftsvorfälle. Nennen Sie auch den der Buchung zugrundeliegenden Beleg.

1. Wareneinkauf gegen bar 1 200,00
2. Zielverkauf von Waren 340,00
3. Banküberweisung an einen Lieferer 1 870,00
4. Barabhebung vom Postbankkonto 1 500,00
5. Kauf einer Schreibmaschine gegen Bankscheck 820,00
6. Aufnahme eines Darlehns bar 4 000,00
7. Ausgleich einer Kundenrechnung durch Banküberweisung 560,00
8. Wareneinkauf auf Ziel 2 900,00
9. Überweisung vom Postbankkonto auf das Bankkonto 1 000,00
10. Umwandlung einer Liefererschuld in ein Darlehn 2 400,00
11. Einzahlung auf unser Bankkonto 1 600,00
12. Tilgung einer Hypothekenschuld durch Banküberweisung 3 000,00
13. Barverkauf eines gebrauchten Warenregals 130,00
14. Zahlung eines Kunden durch Bankscheck 480,00
15. Warenverkauf gegen bar 210,00
16. Barzahlung an einen Lieferer 1 150,00
17. Kauf eines Grundstücks gegen Bankscheck 65 000,00
18. Warenrücksendung an einen Lieferer 390,00
19. Barabhebung vom Bankkonto 1 200,00
20. Barzahlung eines Kunden 170,00
21. Buchen Sie auch auf S. 84 ff. die Belege Nr. 2 und 3 (in Verbindung mit 4), Nr. 7 bis 9 (in Verbindung mit 10) und Nr. 12 und 13 (in Verbindung mit 14).

---

33 Nennen Sie die Geschäftsvorfälle zu den folgenden Buchungssätzen.

1. Kasse an Bank	9. Kasse an Forderungen
2. Waren an Verbindlichkeiten	10. Kasse an Waren
3. Postbank an Kasse	11. Fuhrpark an Bank
4. Darlehnsschulden an Bank	12. Bank an Forderungen
5. Forderungen an Waren	13. Waren an Kasse
6. Verbindlichkeiten an Sparkasse	14. Grundstücke an Bank
7. Kasse an Geschäftsausstattung	15. Bank an Darlehnsschulden
8. Bank an Postbank	16. Geschäftsausstattung an Kasse

650134

11.2 Zusammengesetzte Buchungssätze

Bei den bisherigen Geschäftsvorfällen wurden jeweils zwei Konten berührt. Einer Buchung im Soll (Lastschrift) stand immer eine Buchung im Haben (Gutschrift) gegenüber. Dadurch entstanden einfache Buchungssätze.

Werden durch einen Geschäftsvorfall **mehr als zwei Konten** berührt, so entstehen **zusammengesetzte Buchungssätze**.

1. Beispiel:

Wir begleichen die Rechnung eines Lieferers		
durch Barzahlung	200,00	
durch Banküberweisung	1 000,00	1 200,00

Buchungssatz:	Soll	Haben
Verbindlichkeiten	**1 200,00**	
an **Kasse**		**200,00**
an **Bank**		**1 000,00**

> **1 Sollbuchung** an **2 Habenbuchungen**
> *oder*
> **1 Lastschrift** an **2 Gutschriften**

Buchungen auf den Konten:

S	Verbindlichkeiten		H		S		Kasse		H
Kasse u. Bank	1 200,00	AB	17 300,00		AB	2 400,00	Verbind-lichkeiten	200,00	

S		Bank		H
AB	15 600,00	Verbind-lichkeiten	1 000,00	

2. Beispiel:

Ein Kunde kauft Waren		
gegen bar	500,00	
und auf Kredit (auf Ziel)	820,00	1 320,00

Buchungssatz:	Soll	Haben
Kasse	**500,00**	
Forderungen	**820,00**	
an **Waren**		**1 320,00**

> **2 Sollbuchungen** an **1 Habenbuchung**
> *oder*
> **2 Lastschriften** an **1 Gutschrift**

Bei allen (einfachen wie zusammengesetzten) Buchungssätzen gilt immer:

> Summe der Sollbuchung(en) = Summe der Habenbuchung(en)
> Summe der Lastschrift(en) = Summe der Gutschrift(en)

Im **Grundbuch** sehen beide Geschäftsvorfälle folgendermaßen aus:

Tag	Beleg	Buchungstext	Kontierung		Beträge	
			Soll	Haben	Soll	Haben
01.	KB 67	Rg.-Ausgl. an Lief. bar	Verb.	Kasse	1 200,00	200,00
	BA 42	u. durch Banküberw.		Bank		1 000,00
02.	KB 68	Warenverkauf bar	Kasse		500,00	
	AR 217	und auf Ziel	Ford.	Waren	820,00	1 320,00

Erläutern Sie die Belegangaben.

---

34 Bilden Sie die zusammengesetzten Buchungssätze.

1. Zahlung eines Kunden
   durch Banküberweisung 1 200,00
   durch Postbanküberweisung 185,00   1 385,00

2. Warenverkauf
   gegen bar 180,00
   auf Kredit 900,00   1 080,00

3. Kauf eines Personenwagens
   gegen Barzahlung 5 000,00
   gegen Bankscheck 14 000,00
   gegen Postbankscheck 2 375,00   21 375,00

4. Verkauf einer gebrauchten Rechenmaschine
   gegen Barzahlung 290,00
   gegen Bankscheck 600,00   890,00

5. Wareneinkauf
   gegen Bankscheck 1 500,00
   auf Ziel 3 000,00   4 500,00

6. Ausgleich einer Liefererrechnung
   durch Banküberweisung 1 600,00
   durch Postbankscheck 700,00   2 300,00

7. Kauf eines Lagerhauses
   gegen Bankscheck 80 000,00
   gegen Übernahme einer Hypothekenschuld 40 000,00   120 000,00

8. Tilgung einer Darlehnsschuld
   durch Banküberweisung 2 000,00
   durch Postbanküberweisung 1 400,00   3 400,00

---

35 Welche Geschäftsvorfälle liegen den folgenden Buchungssätzen zugrunde?

1. Verbindlichkeiten –
   an Bank –
   an Postbank –

2. Kasse +
   Forderungen +
   an Waren –

3. Kasse +
   Bank +
   an Geschäftsausstattung –

4. Waren +
   an Kasse –
   an Verbindlichkeiten

5. Kasse
   Bank
   Postbank
   an Forderungen

6. Darlehnsschulden
   an Bank
   an Postbank

12 Das Eröffnungsbilanzkonto und das Schlußbilanzkonto

12.1 Das Eröffnungsbilanzkonto

Die Buchführung eines Geschäftsjahres beginnt mit der Eröffnungsbilanz, die in allen Positionen der Schlußbilanz des Vorjahres entsprechen muß. Diese Bilanzidentität ist ein wichtiger Grundsatz ordnungsmäßiger Buchführung.

Um die laufenden Geschäftsvorfälle buchen zu können, muß man die Anfangsbestände in die Aktiv- und Passivkonten eintragen. Die Bestände der Aktivkonten wurden ins Soll, die der Passivkonten ins Haben der entsprechenden Konten übernommen. Dieses Vorgehen widerspricht aber dem Grundsatz der doppelten Buchführung, wonach jeder Sollbuchung eine Habenbuchung gegenüberstehen muß. Aus diesem Grunde richtet man **für die Eröffnung der Konten** zusätzlich ein Hilfskonto ein,

> **das Eröffnungsbilanzkonto (EBK),**

das die Aktivposten im Haben und die Passivposten im Soll aufnimmt.

Da in der Bilanz mehrere Konten zu einem Posten zusammengefaßt werden (vgl. § 266 HGB), in der Buchhaltung jedoch alle Einzelbestände des Vorjahres wieder übernommen werden, ist das Eröffnungsbilanzkonto ein Spiegelbild des Schlußbilanzkontos des Vorjahres.

Die **Buchungssätze bei der Eröffnung der Bestandskonten** lauten:

> **Aktivkonten** an **EBK**   } nicht immer
> **EBK**   an **Passivkonten**

> Das Eröffnungsbilanzkonto ist das Gegenkonto für das Buchen der Anfangsbestände in den Bestandskonten.
> Es ist das Spiegelbild des Schlußbilanzkontos des Vorjahres.

12.2 Das Schlußbilanzkonto

Am Schluß des Geschäftsjahres werden die Konten des Hauptbuches abgeschlossen. Zunächst errechnet man die Schlußbestände (Salden) der Aktiv- und Passivkonten. Ergeben sich Differenzen zwischen den in den Konten errechneten Beständen und den laut Inventur vorhandenen Beständen, so sind sie vor dem Abschluß in den Konten auszugleichen. Damit stimmen die Werte in den Konten mit denen der Schlußbilanz überein.

Beim **Kontenabschluß** wird als Gegenkonto **für die** Eintragung bzw. **Buchung der Schlußbestände**

> **das Schlußbilanzkonto (SBK)**

benutzt. Die Salden der Aktivkonten stehen im Soll des Schlußbilanzkontos und im Haben der Aktivkonten. Die Salden der Passivkonten erscheinen dagegen im Soll der Passivkonten und im Haben des Schlußbilanzkontos.

Die **Buchungssätze beim Abschluß der Bestandskonten** lauten:

> **SBK**   an **Aktivkonten**   } wenn Konto überzogen
> **Passivkonten** an **SBK**   ändern

Die **Schlußbilanz** wird aufgrund der tatsächlich vorhandenen Bestände (Istbestände) des Inventars aufgestellt. Sie wird in das Bilanzbuch eingetragen.

> Das Schlußbilanzkonto ist das Gegenkonto
> für das Buchen der Endbestände in den Bestandskonten.

Inventar

Inventar

Eröffnungsbilanz

Aktiva	Eröffnungsbilanz		Passiva
Waren	22 000,00	Eigenkapital	20 000,00
Forderungen	6 000,00	Darlehen	3 000,00
Kasse	5 000,00	Verbindlichk.	10 000,00
	33 000,00		33 000,00

Ort, Datum   Unterschrift

Schlußbilanz

Inventar

Aktiva	Schlußbilanz		Passiva
Waren	24 000,00	Eigenkapital	20 000,00
Forderungen	5 500,00	Darlehen	4 000,00
Kasse	4 300,00	Verbindlichk.	9 800,00
	33 800,00		33 800,00

Ort, Datum   Unterschrift

(ergibt sich aus Inventar)

Grundbuch

I. Eröffnungsbuchungen:

Waren	an	EBK	22 000,00
Forderungen	an	EBK	6 000,00
Kasse	an	EBK	5 000,00
EBK	an	Eigenkapital	20 000,00
EBK	an	Darlehen	3 000,00
EBK	an	Verbindlichk.	10 000,00

II. Laufende Buchungen:

1.	Waren	an	Verbindlichk.	2 000,00
2.	Kasse	an	Forderungen	500,00
3.	Verbindl.	an	Darlehen	1 000,00
4.	Verbindl.	an	Kasse	1 200,00

III. Vorbereitende Abschlußbuchungen

IV. Abschlußbuchungen:

SBK	an	Waren	24 000,00
SBK	an	Forderungen	5 500,00
SBK	an	Kasse	4 300,00
Eigenkapital	an	SBK	20 000,00
Darlehen	an	SBK	4 000,00
Verbindl.	an	SBK	9 800,00

Hauptbuch

Eröffnungsbilanzkonto

Soll	Eröffnungsbilanzkonto		Haben
Eigenkapital	20 000,00	Waren	22 000,00
Darlehen	3 000,00	Forderungen	6 000,00
Verbindlichkeiten	10 000,00	Kasse	5 000,00
	33 000,00		33 000,00

Waren

S	Waren		H
AB	22 000,00	SBK	24 000,00
1. Verb.	2 000,00		
	24 000,00		24 000,00

Forderungen

S	Forderungen		H
AB	6 000,00	2. Ka.	500,00
		SBK	5 500,00
	6 000,00		6 000,00

Kasse

S	Kasse		H
AB	5 000,00	4. Verb.	1 200,00
2. Ford.	500,00	SBK	4 300,00
	5 500,00		5 500,00

Eigenkapital

S	Eigenkapital		H
SBK	20 000,00	AB	20 000,00

Darlehen

S	Darlehen		H
SBK	4 000,00	AB	3 000,00
		3. Verb.	1 000,00
	4 000,00		4 000,00

Verbindlichkeiten

S	Verbindlichkeiten		H
3. Darl.	1 000,00	AB	10 000,00
4. Ka.	1 200,00	1. Wa.	2 000,00
SBK	9 800,00		
	12 000,00		12 000,00

Schlußbilanzkonto

Soll	Schlußbilanzkonto		Haben
Waren	24 000,00	Eigenkapital	20 000,00
Forderungen	5 500,00	Darlehen	4 000,00
Kasse	4 300,00	Verbindlichk.	9 800,00
	33 800,00		33 800,00

Wie lauten die Geschäftsvorfälle, die den Buchungen 1–4 auf den Konten des Hauptbuches zugrunde liegen?

Eröffnungsbilanz	=	identisch mit der Schlußbilanz des letzten Jahres
Eröffnungsbilanzkonto	=	Eröffnungskonto im Hauptbuch, Spiegelbild des SBK (Vorjahr)
Schlußbilanzkonto	=	Abschlußkonto im Hauptbuch
Schlußbilanz	=	ergibt sich aus dem Inventar

Arbeitsanweisungen:

1. Stellen Sie aufgrund der Anfangsbestände eine Eröffnungsbilanz auf.
2. Eröffnen Sie die Konten, und schalten Sie das Eröffnungsbilanzkonto ein.
3. Buchen Sie die Geschäftsvorfälle in den Konten.
4. Schließen Sie die Konten ab, und stellen Sie das Schlußbilanzkonto auf.

36 37 Anfangsbestände:

	36	37		36	37
Geschäftsausst. ..	18 000,00	12 000,00	Bankguthaben	3 720,00	2 640,00
Waren	24 000,00	16 000,00	Eigenkapital ...	35 500,00	23 600,00
Forderungen	6 000,00	4 000,00	Darlehnsschulden	8 000,00	6 000,00
Kasse	980,00	760,00	Verbindlichkeiten	9 200,00	5 800,00

Geschäftsvorfälle:

	36	37
1. Warenverkauf gegen bar	1 200,00	800,00
2. Ausgleich einer Kundenrechnung durch Banküberweisung	970,00	710,00
3. Teilw. Tilgung des Darlehns durch Banküberweisung	2 000,00	1 500,00
4. Wareneinkauf auf Ziel	1 700,00	1 100,00
5. Banküberweisung an einen Lieferer	1 480,00	960,00
6. Kauf eines Büroschreibtisches bar	920,00	880,00

Abschlußangabe:

Die Schlußbestände auf den Konten entsprechen den Inventurwerten.

38 Anfangsbestände:

Fuhrpark	60 000,00	Postbankguthaben		3 700,00
Geschäftsausstattung	45 000,00	Bankguthaben		24 600,00
Waren	32 000,00	Eigenkapital		?
Forderungen	18 000,00	Darlehnsschulden		40 000,00
Kasse	1 200,00	Verbindlichkeiten		38 000,00

Geschäftsvorfälle:

1. Zahlungen von Kunden durch Banküberweisung	2 400,00	
durch Postbanküberweisung	1 800,00	4 200,00
2. Barverkauf eines gebrauchten Personenwagens		4 900,00
3. Warenverkauf auf Ziel lt. AR 307		7 450,00
4. Aufnahme eines weiteren Darlehens bei der Bank		8 000,00
5. Zahlungen an Lieferer durch Postbankscheck	2 100,00	
durch Banküberweisung	16 300,00	18 400,00
6. Wareneinkauf auf Kredit lt. ER 126		4 700,00
7. Bareinzahlung aufs Bankkonto		5 000,00

Abschlußangabe:

Die Schlußbestände auf den Konten entsprechen den Inventurwerten.

39 Fragen:

1. Wodurch unterscheiden sich Eröffnungsbilanz und Eröffnungsbilanzkonto?

2. Wodurch unterscheiden sich Schlußbilanzkonto und Schlußbilanz?

3. Wie erklärt es sich, daß die in den Konten errechneten Sollbestände nicht immer mit den Istbeständen der Schlußbilanz übereinstimmen? Denken Sie besonders an den Kassen-, Waren- und Forderungsbestand.

4. Welche Aussagen können Sie über Grundbuch, Hauptbuch, Bilanzbuch machen?

13 Die Erfolgskonten

13.1 Kapitalveränderung durch Aufwendungen und Erträge

Die bisherigen Geschäftsvorfälle wurden nur auf Bestandskonten gebucht, d. h., es veränderten sich die Vermögenswerte und das Fremdkapital. Das Eigenkapital blieb unberührt, da diese Geschäftsvorfälle keinen Einfluß auf den Erfolg (Gewinn oder Verlust) des Unternehmens hatten.

Die Buchführung ist aber nicht nur eine Bestandsrechnung, sondern **auch eine Erfolgsrechnung**. Besonders aus dem **Einkauf von Waren,** der **Lagerhaltung** und dem **Warenverkauf** ergeben sich Geschäftsvorfälle, die Auswirkungen auf den Erfolg des Unternehmens haben; sie **beeinflussen und verändern** damit **das Eigenkapital.**

Der Unternehmer will sein eingesetztes Kapital vermehren. Durch den Verkauf von Waren oder durch Dienstleistungen erzielt er **Erträge.** Hierfür müssen aber zunächst Arbeitskräfte, Maschinen, Energie u. a. eingesetzt werden = **Aufwendungen.**

Aufwendungen entstehen durch den Gebrauch oder Verbrauch von Gütern und Dienstleistungen. Hierzu zählen die Nutzung der Anlagegüter, der Wareneinsatz (=Wert der eingekauften und weiterveräußerten Waren), die Aufwendungen für Löhne, Gehälter, Sozialabgaben, Mieten, Betriebssteuern, Werbung, Verwaltung usw. Das heißt, es werden Werte (Anlagen, Geld) verzehrt, ohne daß ein unmittelbarer Vermögenszuwachs vorliegt oder eine Verringerung der Schulden eintritt. **Aufwendungen vermindern das Eigenkapital.**

> Aufwendungen sind Werteverzehr an Gütern und Dienstleistungen.
> Aufwendungen vermindern das Eigenkapital.

Erträge erzielt das Unternehmen dadurch, daß es Güter verkauft oder Leistungen erbringt. Der Hauptertrag ergibt sich aus dem Verkauf der Waren (Umsatzerlöse). Sie sollten sowohl die Aufwendungen abdecken als auch einen angemessenen Gewinn bringen. Weitere Erträge können anfallen aus Vermietung und Verpachtung, Kapitalausleihe u. a. **Erträge vermehren das Eigenkapital.**

> Erträge sind Wertezuflüsse durch unternehmerische Leistung.
> Erträge vermehren das Eigenkapital.

Die Differenz zwischen den **Erträgen** und den **Aufwendungen** innerhalb einer Rechnungsperiode **ist der Erfolg** (Gewinn oder Verlust) eines Unternehmens.

Beispiel einer Aufwendung:

Wir zahlen Miete für die Geschäftsräume bar 1 400,00

Durch diesen Geschäftsvorfall verringert sich unser Kassenbestand. Es vermehrt sich aber weder ein anderer Aktivposten, noch vermindert sich das Fremdkapital. Es handelt sich hier um eine Aufwendung, die das Eigenkapital vermindert. Sie wirkt sich ungünstig auf den Erfolg aus.

Buchung: **Eigenkapital** an **Kasse** 1 400,00

650140

Beispiel eines Ertrages:

Die Bank schreibt uns Zinsen gut . . . . 264,00 DM

Dieser Vorgang vermehrt unser Bankguthaben. Es verringert sich aber weder ein anderer Aktivposten, noch vermehrt sich das Fremdkapital. Hier liegt ein Ertrag vor, der das Eigenkapital vermehrt. Er wirkt sich günstig auf den Erfolg aus.

Buchung: **Bank** an **Eigenkapital** **264,00**

Erfolge sind

Aufwendungen	*oder*	**Erträge**
Personalkosten, Mieten und Pachten, Steuern, Werbe- und Reisekosten, Kosten der Warenabgabe usw.		Erträge aus Warenverkäufen, Zinserträge, Mieterträge, Provisionserträge usw.

S	Eigenkapital	H
− Aufwendungen		Anfangsbestand **+ Erträge**

Erträge > Aufwendungen = Kapitalmehrung
Erträge < Aufwendungen = Kapitalminderung

---

40   Führen Sie auch ein Eröffnungs- und Schlußbilanzkonto.
    Anfangsbestände: Kasse 1000,00 DM, Bank 14 000,00 DM, Eigenkapital?
    1. Bareinnahmen für Provision 2 600,00
    2. Banküberweisung für Geschäftsmiete 980,00
    3. Gutschrift der Bank für Zinsen 190,00
    4. Barzahlung für Löhne 1 640,00

13.2   Buchen auf Erfolgskonten

Das Buchen der verschiedenen Aufwendungen und Erträge unmittelbar auf dem Eigenkapitalkonto hat erhebliche Nachteile. Das Eigenkapitalkonto wird unübersichtlich, da

- nicht zu erkennen ist, durch welche Aufwendungen und Erträge die Kapitalveränderung entstanden ist;
- die Höhe der unterschiedlichen Aufwands- und Ertragsarten sich nicht aus dem Eigenkapitalkonto ablesen läßt.

Es ist jedoch Aufgabe der Buchführung, alle Arten von Aufwendungen und Erträgen so klar auszuweisen, daß die **Quellen des Erfolges** zu erkennen sind und der Kaufmann eine Erfolgskontrolle vornehmen kann.

Deshalb werden die Aufwendungen und Erträge auf besonderen **Aufwands-** und **Ertragskonten** erfaßt. Diese **Erfolgskonten sind Unterkonten des Eigenkapitalkontos.** Sie nehmen daher die Aufwendungen im Soll und die Erträge im Haben auf.

> Alle Aufwendungen und Erträge werden auf Einzelkonten erfaßt:
>   Aufwendungen im Soll
>   Erträge   im Haben
> Die Erfolgskonten sind Unterkonten des Eigenkapitalkontos.

Erfolgskonten

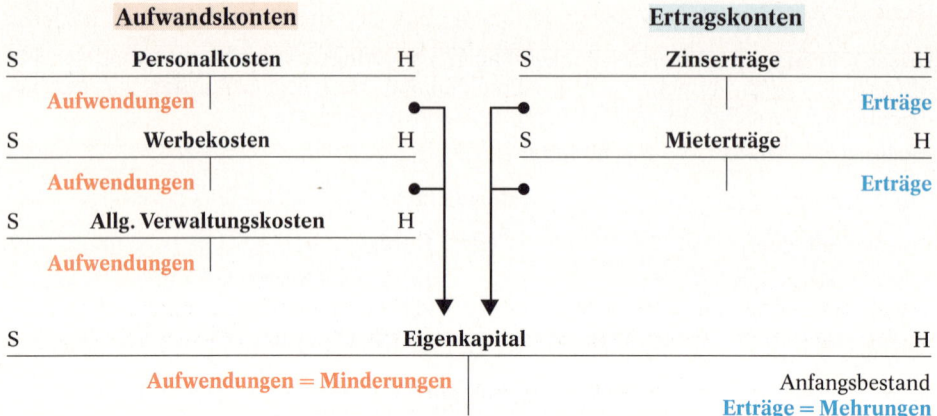

Aufwandskonten

S	Personalkosten	H
Aufwendungen		

S	Werbekosten	H
Aufwendungen		

S	Allg. Verwaltungskosten	H
Aufwendungen		

Ertragskonten

S	Zinserträge	H
		Erträge

S	Mieterträge	H
		Erträge

S	Eigenkapital	H
Aufwendungen = Minderungen	Anfangsbestand Erträge = Mehrungen	

Beispiele für das Buchen von Aufwendungen und Erträgen:

Anfangsbestände: Bankguthaben 42 500,00 DM, Eigenkapital 42 500,00 DM

Geschäftsvorfälle:

1. Wir zahlen Gehalt durch Banküberweisung 2 600,00
2. Die Bank schreibt uns Zinsen gut 90,00
3. Wir zahlen für eine Werbeanzeige durch Bankscheck 400,00
4. Wir bezahlen eine Telefonrechnung durch Banküberweisung 210,00
5. Wir erhalten Miete (für ein Geschäftshaus) durch Bankscheck 4 000,00

Buchung auf Aufwandskonten:

1. Personalkosten an Bank . . . 2 600,00
3. Werbekosten an Bank . . . 400,00
4. Allg. Verwalt.k. an Bank . . . 210,00

Buchung auf Ertragskonten:

2. Bank an Zinserträge 90,00
5. Bank an Mieterträge 4 000,00

S	Personalkosten	H
1. Bank	2 600,00	

S	Zinserträge	H
		2. Bank 90,00

S	Werbekosten	H
3. Bank	400,00	

S	Mieterträge	H
		5. Bank 4 000,00

S	Allg. Verwaltungskosten	H
4. Bank	210,00	

S	Bank		H
AB 42 500,00		1. Personalkosten 2 600,00	
2. Zinserträge 90,00		3. Werbekosten 400,00	
5. Mieterträge 4 000,00		4. Allg. Verwaltungskosten 210,00	

Aufwands- und Ertragskonten = Erfolgskonten
Aktiv- und Passivkonten = Bestandskonten

650142

13.3 Abschluß der Erfolgskonten

Am Ende des Geschäftsjahres wird der Erfolg (Gewinn oder Verlust) des Unternehmens durch die Gegenüberstellung aller Aufwendungen und Erträge ermittelt. Dazu schließt man die Erfolgskonten ab, überträgt die **Salden** jedoch nicht auf das Eigenkapitalkonto, sondern **auf** ein Erfolgssammelkonto, das Konto

Gewinn und Verlust.

Die <u>Abschlußbuchungen</u> dazu lauten:

> **Gewinn und Verlust** an **Aufwandskonten**
> **Ertragskonten** an **Gewinn und Verlust**

Das **Gewinn- und Verlustkonto** weist somit im Soll alle Aufwendungen und im Haben alle Erträge aus. Der Saldo **zeigt den Unternehmenserfolg** (den Gewinn oder den Verlust).

$$\text{Erträge} > \text{Aufwendungen} = \text{Gewinn}$$
$$\text{Erträge} < \text{Aufwendungen} = \text{Verlust}$$

Das **Gewinn- und Verlustkonto** ist ein Unterkonto des Eigenkapitalkontos. Daher wird der **Saldo auf das Eigenkapitalkonto** übertragen.

Die <u>Abschlußbuchungen</u> lauten:

> bei Gewinn: **Gewinn und Verlust** an **Eigenkapital**
> bei Verlust: **Eigenkapital** an **Gewinn und Verlust**

> Der Gewinn erhöht das Eigenkapital.
> Der Verlust mindert das Eigenkapital.

Abschluß der Erfolgskonten mit Gewinn

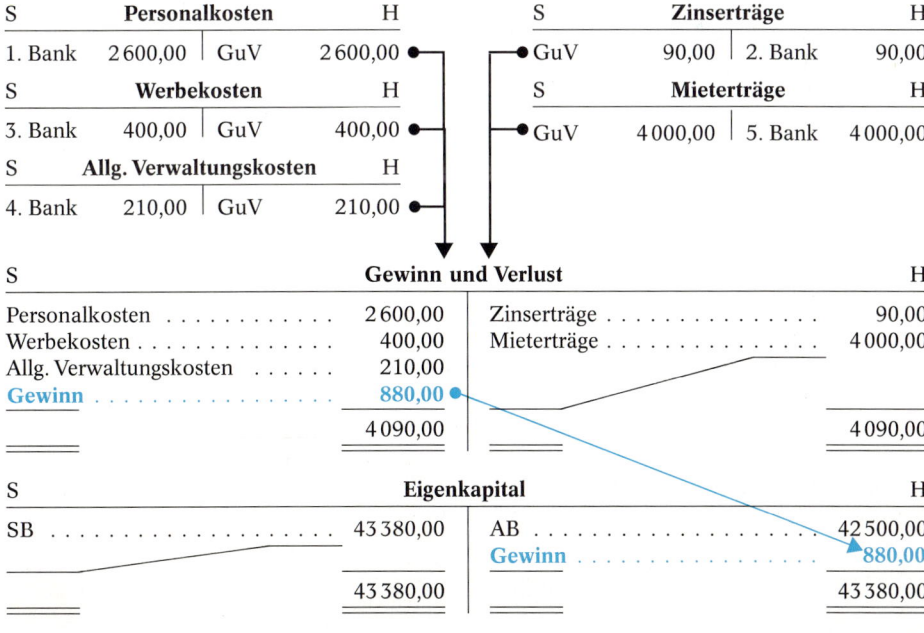

Abschluß der Erfolgskonten mit Verlust

Ist die Summe der Aufwendungen größer als die der Erträge, dann ergibt sich ein Verlust. Der Verlust erscheint im Gewinn- und Verlustkonto als Saldo auf der Habenseite.

Die <u>Abschlußbuchung</u> lautet: **Eigenkapital**   an   **Gewinn und Verlust**

S	Gewinn und Verlust		H
Mieten	1 500,00	Provisionserträge	2 700,00
Steuern	900,00	Verlust	460,00
Instandhaltung	760,00		
	3 160,00		3 160,00

S	Eigenkapital		H
Verlust	460,00	AB	42 500,00
SB	42 040,00		
	42 500,00		42 500,00

Die Salden der Aufwands- und Ertragskonten werden im Gewinn- und Verlustkonto gesammelt (Aufwendungen im Soll – Erträge im Haben).

Der Saldo des Gewinn- und Verlustkontos zeigt den Erfolg der Rechnungsperiode (den Gewinn oder den Verlust).

Das Gewinn- und Verlustkonto ist das Unterkonto des Eigenkapitalkontos. Daher wird der Gewinn oder der Verlust auf das Eigenkapitalkonto übertragen.

Aufgaben mit Bestands- und Erfolgskonten

41 Lösen Sie die Aufgabe 40 noch einmal, buchen Sie jetzt die Aufwendungen auf den Aufwandskonten Mieten und Personalkosten und die Erträge auf den Ertragskonten Provisionserträge und Zinserträge.

42 **Aktiva:** Gebäude 80 000,00 DM, Kasse 800,00 DM, Bank 6 400,00 DM.
Passiva: Darlehnsschulden 4 000,00 DM, Eigenkapital ? DM.

Kontenplan:

Außer den oben genannten Bestandskonten sowie den Eröffnungs- und Schlußbilanzkonten sind noch einzurichten die
Erfolgskonten: Zinsaufwendungen, Mieterträge, Zinserträge, Personalkosten, Allg. Verwaltungskosten, Gewinn und Verlust.

Geschäftsvorfälle:

1. Wir zahlen Wochenlohn an den Lagerarbeiter bar	540,00
2. Ein Mieter überweist auf unser Bankkonto	800,00
3. Die Bank schreibt uns Zinsen gut	100,00
4. Wir kaufen Büromaterial bar	50,00
5. Wir überweisen dem Darlehnsgläubiger für Zinsen	160,00
6. Wir kaufen Briefmarken bar	30,00

Abschlußangabe:

Die Buchwerte auf den Bestandskonten stimmen mit den Inventurwerten überein.

650144

43–45

Eröffnen Sie die Bestandskonten über das EBK, bilden Sie die Buchungssätze, buchen Sie auf den Bestands- und Erfolgskonten, und schließen Sie die Konten ab.
Die Schlußbestände auf den Bestandskonten entsprechen den Inventurwerten.

43 **Anfangsbestände:**

Gebäude	95 000,00	Kasse	400,00
Geschäftsausstattung	6000,00	Bankguthaben	5 000,00
Waren	24000,00	Eigenkapital	?
Forderungen	7 000,00	Verbindlichkeiten	11 000,00

Kontenplan: Außer den o. a. Bestandskonten sowie dem Eröffnungs- und Schlußbilanzkonto sind zu führen die
Erfolgskonten: Mieterträge, Zinserträge, Provisionserträge, Personalkosten, Steuern, Allg. Verwaltungskosten, Gewinn und Verlust.

Geschäftsvorfälle:

1. Wir verkaufen Waren auf Ziel 1 000,00
2. Die Bank schreibt uns Zinsen gut 30,00
3. Wir zahlen Gewerbesteuer bar 160,00
4. Wir kaufen Waren auf Ziel 1 500,00
5. Für Miete werden uns überwiesen 620,00
6. Wir erhalten Provision bar 750,00
7. Wir zahlen Wochenlohn bar an den Kraftwagenfahrer 490,00
8. Ein Kunde zahlt bar 600,00
9. Wir bringen Geld zur Bank 800,00
10. Wir überweisen für Fernsprechgebühren durch die Bank 180,00

44
45 **Anfangsbestände:**

Gebäude	73 000,00	Bankguthaben	7 300,00
Geschäftsausstattung	10 000,00	Eigenkapital	?
Waren	30 000,00	Darlehnsschulden	25 000,00
Forderungen	5 000,00	Verbindlichkeiten	12 700,00
Kasse	1500,00		

Kontenplan: Außer den o. a. Bestandskonten sowie dem Eröffnungs- und Schlußbilanzkonto sind zu führen die
Erfolgskonten: Zinsaufwendungen, Mieterträge, Zinserträge, Provisionserträge, Personalkosten, Steuern, Gewinn und Verlust.

Geschäftsvorfälle:

	44	**45**
1. Wir zahlen Betriebssteuern bar	200,00	300,00
2. Wir verkaufen Waren auf Ziel	700,00	1 100,00
3. Ein Kunde zahlt bar	100,00	200,00
4. Wir kaufen einen Aktenschrank gegen Bankscheck	350,00	460,00
5. Die Bank schreibt uns Zinsen gut	170,00	250,00
6. Wir erhalten Provision bar	800,00	1 000,00
7. Wir kaufen Waren auf Ziel	1 900,00	2 100,00
8. Für Miete werden uns überwiesen	1 400,00	1 500,00
9. Ein Lieferer erhält durch Banküberweisung	600,00	800,00
10. Wir zahlen Gehalt bar	2 120,00	2 280,00
11. Wir überweisen Darlehnszinsen durch die Bank	500,00	550,00

46 **Anfangsbestände:**

Gebäude	300 000,00	Eigenkapital	?
Geschäftsausstattung	65 000,00	Darlehnsschulden	120 000,00
Waren	51 000,00	Bankschulden	21 000,00
Forderungen	42 000,00	Verbindlichkeiten	45 000,00
Kasse	4 200,00		
Postbankguthaben	7 300,00		

Kontenplan:

Bestandskonten: wie oben angegeben, zusätzlich EBK und SBK.
Erfolgskonten: Zinsaufwendungen, Mieterträge, Provisionserträge, Steuern und Beiträge, Werbekosten, Kosten der Warenabgabe, Instandhaltung, Allg. Verwaltungskosten, Gewinn und Verlust.

Geschäftsvorfälle im Monat Januar:

Datum	Beleg	Buchungstext	
02.	KB 1	Barkauf von Büromaterial	120,00
04.	PBA 1	Gutschrift: Postbankscheck von Kunden (AR 562)	2 400,00
		Lastschrift: Postbanküberweisung f. Gewerbesteuern	480,00
07.	ER 1	Wareneinkauf auf Ziel	4 200,00
10.	KB 2	Warenverkauf bar	460,00
14.	KB 3	Barkauf von Verpackungsmaterial	100,00
16.	BA 1	Gutschrift: Banküberweisung für Provisionen	2 500,00
		Lastschrift: Banküberweisung an Lieferer (ER 219)	1 700,00
		Lastschrift: Banküberweisung für IHK-Beiträge	150,00
18.	KB 4	Barkauf einer Fachzeitschrift	5,00
20.	AR 1	Warenverkauf auf Ziel	3 900,00
23.	KB 5	Barkauf eines Aktenschrankes	1 400,00
26.	BA 2	Gutschrift: Scheckeingang für Miete	3 000,00
		Lastschrift: Banküberweisung für eine Werbeanzeige	200,00
29.	PBA 2	Lastschrift: Postbanküberweisung für Malerrechnung	1 260,00
		(Renovieren eines Büroraumes)	
31.	BA 3	Lastschrift: Zinsen für Bankschulden	70,00
		Lastschrift: Zinsen für Darlehnsschulden	800,00

Aufgaben:

1. Stellen Sie ein Grundbuch auf mit Eröffnungsbuchungen, Laufenden Buchungen und Abschlußbuchungen.
2. Eröffnen Sie die Bestandskonten über das Eröffnungsbilanzkonto.
3. Buchen Sie die Geschäftsvorfälle in den Bestands- und Erfolgskonten.
4. Schließen Sie die Erfolgskonten über das Konto Gewinn und Verlust ab.
5. Schließen Sie die Bestandskonten über das Schlußbilanzkonto ab.
6. Stellen Sie eine Schlußbilanz auf (Buchwerte = Inventurbestände).

47 **Fragen:**

1. Welcher Unterschied besteht zwischen Bestands- und Erfolgskonten?
2. Wodurch werden die „Quellen des Erfolges" besonders deutlich?
3. Warum nennt man die Erfolgskonten Unterkonten des Eigenkapitalkontos?
4. Wie wirkt sich der Erfolg auf das Eigenkapital aus?

650146

14   Die Privatkonten

Zu seinem Lebensunterhalt nimmt der Geschäftsinhaber Bargeld oder Waren[1] aus seinem Betrieb. Auch läßt er Überweisungen für private Zwecke über die Finanzkonten des Betriebes ausführen, z.B. Zahlungen für Versicherungen, Einkommen- und Kirchensteuer, Arztrechnungen, Miete für die Privatwohnung u.a. Diese Geschäftsvorfälle sind nicht betrieblich bedingt. Sie sind **Privatentnahmen** und **vermindern das Eigenkapital.** Privatentnahmen stellen einen Vorgriff auf den zu erwartenden Gewinn des laufenden Geschäftsjahres dar.

Der Geschäftsinhaber kann auch neue Mittel (Geld oder Sachwerte) in das Unternehmen einbringen. Diese **Privateinlagen** (Kapitaleinlagen) **vermehren das Eigenkapital.**

Für die Buchungen der Entnahmen und Einlagen sind stets **Belege** auszustellen.

Private Entnahmen und **Einlagen** werden wegen der Übersichtlichkeit nicht direkt auf dem Eigenkapitalkonto, sondern **auf den Konten Privatentnahmen und Privateinlagen gebucht.** Als Unterkonten des Eigenkapitalkontos werden sie **über das Eigenkapitalkonto abgeschlossen.**

Privatkonten werden nur bei Einzelunternehmen und Personengesellschaften geführt. Sie zeigen alle Veränderungen des Eigenkapitals, die durch die Beziehungen zwischen privatem Bereich und Betrieb verursacht werden.

> 1. Der Inhaber entnimmt der Geschäftskasse für seinen Haushalt bar . . . 2 000,00 DM.
> 2. Er läßt für seine Lebensversicherung durch die Bank überweisen . . . . 3 400,00 DM.

Buchungen:

Geschäftsvorfälle:	1. Privatentnahmen	an	Kasse	2 000,00
	2. Privatentnahmen	an	Bank	3 400,00
Vorb. Abschlußbuchung:	Eigenkapital	an	Privatentnahmen	5 400,00

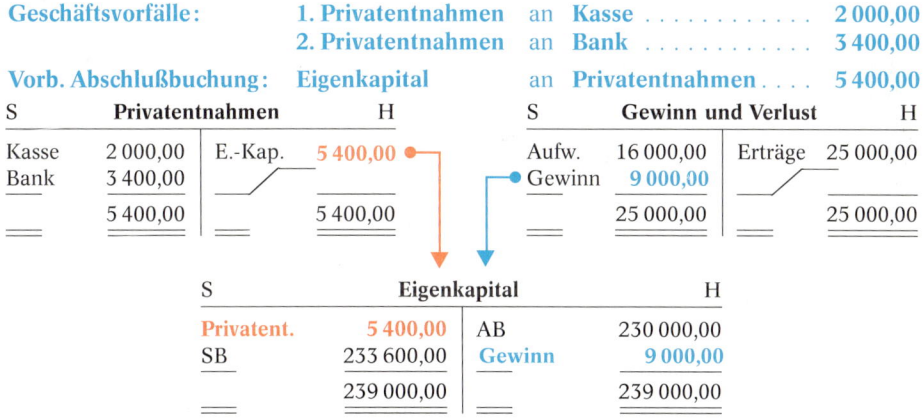

Dem Konto Privatentnahmen werden alle Entnahmen für private Zwecke belastet.
Das Konto Privatentnahmen wird über das Eigenkapitalkonto abgeschlossen.

Aus den vorstehenden Konten wird klar ersichtlich, daß zwischen „Betrieb" und „privatem Bereich" getrennt wird. Das Eigenkapitalkonto weist am Ende der Rechnungsperiode den Betriebserfolg und die privaten Entnahmen gesondert aus.
Die Privatentnahmen des laufenden Jahres sollten nicht höher sein als der Jahresgewinn, da sonst ein Teil des Eigenkapitals verzehrt wird (Substanzverlust).

---

1   Die Privatentnahme von Waren wird aus methodischen Gründen später behandelt.

Neue Einlagen des Geschäftsinhabers **(Privateinlagen)** sind kein Ausgleich für private Entnahmen. Sie **werden** deshalb nicht auf dem Konto Privatentnahmen gebucht, sondern **dem Konto Privateinlagen gutgeschrieben.** Auch dieses Konto wird über das Eigenkapitalkonto abgeschlossen.

Der Geschäftsinhaber bringt ein bisher privat genutztes Grundstück im Wert von 48 000,00 DM in das Anlagevermögen seines Betriebes ein.

Buchung: Grundstücke an **Privateinlagen** **48 000,00**

Private Einlagen werden dem Konto Privateinlagen gutgeschrieben. Das Konto Privateinlagen wird über das Eigenkapitalkonto abgeschlossen.

Das Eigenkapital
vermehrt sich durch Gewinn und Einlagen,
vermindert sich durch Verlust und private Entnahmen.

---

48 Bilden Sie die Buchungssätze.

1. Banküberweisung für die Geschäftsmiete 2 500,00
   für die Wohnung des Geschäftsinhabers 860,00
2. Postbanküberweisung für Lebensversicherung 500,00
   für Feuerversicherung (Geschäft) 210,00
   für Hausratversicherung (Wohnung) 80,00
3. Einlage des Inhabers aufs Bankkonto 5 000,00
4. Barentnahme für eine Geschäftsreise 450,00
   für eine Urlaubsreise 2 800,00
5. Banküberweisung für eine Arztrechnung 135,00
   für die Einkommensteuervorauszahlung 1 800,00
   für die Kirchensteuervorauszahlung 160,00
6. Barzahlung des Lohns an die Hausgehilfin 1 400,00
   an einen Lagerarbeiter 1 500,00

49
50 Führen Sie nur die Konten Privatentnahmen, Gewinn und Verlust, Eigenkapital.

	49	50
Anfangskapital	42 600,00	51 700,00
Privatentnahmen bar	9 900,00	10 800,00
Überweisungen für private Zwecke	2 770,00	3 690,00
Aufwendungen	17 300,00	24 500,00
Erträge	32 900,00	36 800,00

Schließen Sie die Konten ab, und ermitteln Sie den Erfolg. Nehmen Sie auch einen Vergleich vor zwischen Anfangs- und Endkapital.

---

51 **Fragen:**

1. *Wie wirken sich private Entnahmen und private Einlagen auf das Geschäftskapital aus?*
2. *Warum wird jeder strebsame Kaufmann bemüht sein, das Geschäftskapital von Jahr zu Jahr zu vermehren?*
   Mit welchen Mitteln kann er dieses Ziel erreichen?
3. *Welche Höchstgrenze sollten die Privatentnahmen im allgemeinen nicht überschreiten?*
4. *Woran kann es liegen, daß es trotz bescheidener Privatentnahmen des Inhabers nicht gelingt, den Kapitalbestand zu erhalten? (Substanzverlust)*

650148

Anfangsbestände:

	52	53		52	53
Gebäude	82 000,00	96 000,00	Postbankguth. ...	2 280,00	2 340,00
Fuhrpark	17 500,00	21 600,00	Bankguthaben .	5 400,00	6 200,00
Geschäftsausst.	10 500,00	12 300,00	Eigenkapital ...	?	?
Waren	35 300,00	38 400,00	Hyp.-Schulden .	12 000,00	15 000,00
Forderungen ..	17 600,00	26 900,00	Verbindlichk. ...	13 160,00	24 850,00
Kasse	900,00	1 100,00			

Kontenplan: Außer den o. a. Bestandskonten einschließlich Eröffnungsbilanz- und Schlußbilanzkonto sind folgende Konten zu führen: Provisionserträge, Personalkosten, Werbekosten, Kosten der Warenabgabe, Gewinn und Verlust, Privatentnahmen, Privateinlagen.

Geschäftsvorfälle:

		52	53
1.	Wir überweisen an einen Lieferer durch die Bank	2 800,00	3 200,00
2.	Wir verkaufen Waren auf Ziel	14 200,00	15 600,00
3.	Der Geschäftsinhaber entnimmt der Kasse f. d. Haushalt	400,00	500,00
4.	Ein Kunde überweist auf Postbankkonto	1 930,00	2 140,00
5.	Wir kaufen Waren auf Ziel	3 260,00	4 780,00
6.	Wir zahlen Lohn durch Banküberweisung	2 450,00	2 510,00
7.	Der Inhaber überweist vom Postbankkonto für		
	Hausratsversicherung	175,00	190,00
	Wohnhausrenovierung (Malerrechnung)	1 420,00	1 450,00
8.	Banküberweisung für einen Werbeauftrag	440,00	460,00
9.	Bankgutschrift für eine weitere Hypothek	8 000,00	10 000,00
10.	Wir kaufen Verpackungsmaterial gegen Bankscheck	80,00	90,00
11.	Provisionseingang auf Postbankkonto	4 300,00	2 800,00
12.	Der Inhaber zahlt eine Erbschaft auf Bankkonto ein	6 000,00	5 000,00

Abschlußangabe: Die Buchwerte stimmen mit den Inventurbeständen überein.

15 Die Wege der Erfolgsermittlung

Eine der wichtigsten Aufgaben der Buchführung besteht darin, den Erfolg (Gewinn oder Verlust) einer Rechnungsperiode (eines Geschäftsjahres) festzustellen. Dies läßt sich auf zwei Arten durchführen: einmal durch einen Aufwands- und Ertragsvergleich, zum anderen durch einen Kapitalvergleich.

15.1 Erfolgsermittlung durch Aufwands- und Ertragsvergleich

Viele Geschäftsvorfälle bewirken nicht nur eine Umschichtung von Bilanzposten, sondern auch eine Veränderung des Eigenkapitals (Rein- oder Betriebsvermögens).

Wir haben den Werteverzehr durch den Betrieb als **Aufwand** bezeichnet (z. B. Aufwendungen für Löhne, Gehälter, Betriebssteuern, Werbung und Verwaltung). **Aufwendungen vermindern das Eigenkapital.**

Einen Wertezufluß in den Betrieb haben wir **Ertrag** genannt (z. B. Miet-, Zins- und Provisionserträge). **Erträge erhöhen das Eigenkapital.**

Der Erfolg läßt sich durch eine Gegenüberstellung von Aufwendungen und Erträgen ermitteln. Der Erfolg kann positiv (ein Gewinn) oder negativ (ein Verlust) sein.

S	Eigenkapital A	H
Aufwendungen 150 000,00		
	Anfangsbestand 400 000,00	
Schlußbestand 500 000,00		
	Erträge 250 000,00	
650 000,00	**650 000,00**	

S	Eigenkapital B	H
Aufwendungen 150 000,00		
	Anfangsbestand 400 000,00	
Schlußbestand 350 000,00		
	Erträge 100 000,00	
500 000,00	**500 000,00**	

Aufwands-Ertrags-Vergleich

	Erträge	250 000,00
−	Aufwendungen	150 000,00
=	Gewinn	100 000,00

Aufwands-Ertrags-Vergleich

	Aufwendungen	150 000,00
−	Erträge	100 000,00
=	Verlust	50 000,00

> Erträge > Aufwendungen = Gewinn
> Erträge < Aufwendungen = Verlust

15.2 Erfolgsermittlung durch Kapitalvergleich

Ein Kapitalvergleich, bei dem das Eigenkapital am Ende des Geschäftsjahres dem Eigenkapital am Anfang des Geschäftsjahres gegenübergestellt wird, führt zu demselben Ergebnis wie der Aufwands- und Ertragsvergleich.

Kapitalvergleich ohne private Entnahmen und Einlagen

	A	B
Eigenkapital am Ende des Geschäftsjahres	500 000,00	350 000,00
− Eigenkapital am Anfang des Geschäftsjahres	400 000,00	400 000,00
= **Erfolg** = **Kapital**mehrung bzw. **Kapital**minderung	100 000,00	50 000,00
Gewinn	100 000,00	
Verlust		50 000,00

Die Kapitalmehrung bei A bzw. die Kapitalminderung bei B kann nur dann als Gewinn bzw. Verlust des Unternehmens angesehen werden, wenn keine privaten Geschäftsvorfälle über den Betrieb abgewickelt worden sind.

Falls im Laufe des Geschäftsjahres jedoch auch **private Entnahmen** und/oder **Einlagen** gebucht wurden, dann haben sie sich auf das Eigenkapitalkonto ausgewirkt; denn Privatentnahmen mindern das Eigenkapital, und Privateinlagen erhöhen es. Der Erfolg kann in diesem Falle nur ermittelt werden, wenn die Auswirkungen der privaten Entnahmen und Einlagen auf das Eigenkapital rückgängig gemacht werden. Das heißt:

- Private Entnahmen vermindern zwar das Eigenkapital,
  stellen aber keinen betrieblichen Werteverzehr dar;
  sie müssen der Kapitalveränderung zugezählt werden.

- Private Einlagen erhöhen zwar das Eigenkapital,
  sind aber kein betrieblicher Wertezufluß;
  sie müssen von der Kapitalveränderung abgezogen werden.

Kapitalvergleich mit privaten Entnahmen und Einlagen

S	Eigenkapital A	H
Aufwendungen 150 000,00		
P'entn. 36 000,00	Anfangsbestand 400 000,00	
Schlußbestand 514 000,00		
	Erträge 250 000,00	
	P'einl. 50 000,00	
700 000,00	700 000,00	

S	Eigenkapital B	H
Aufwendungen 150 000,00		
P'entn. 20 000,00	Anfangsbestand 400 000,00	
Schlußbestand 370 000,00		
	Erträge 100 000,00	
	P'einl. 40 000,00	
540 000,00	540 000,00	

	Kapital am Jahresende ..	514 000,00
−	Kapital am Jahresanfang	400 000,00
=	**Kapitalmehrung**	**114 000,00**
+	Privatentnahmen	+ 36 000,00
		+ 150 000,00
−	Privateinlagen	− 50 000,00
=	**Gewinn**	**100 000,00**

	Kapital am Jahresende ..	370 000,00
−	Kapital am Jahresanfang	400 000,00
=	**Kapitalminderung**	− **30 000,00**
+	Privatentnahmen	+ 20 000,00
		− 10 000,00
−	Privateinlagen	− 40 000,00
=	**Verlust**	**50 000,00**

Privatentnahmen:	bei Kapitalmehrung	= zuzählen
	bei Kapitalminderung	= abziehen
Privateinlagen:	bei Kapitalmehrung	= abziehen
	bei Kapitalminderung	= zuzählen

Die Erfolgsermittlung durch Kapitalvergleich wird im Steuerrecht (§ 5 EStG) „Gewinn-ermittlung durch Betriebsvermögensvergleich" genannt. Eine Erfolgsermittlung unter Berücksichtigung von Privatentnahmen und Einlagen kann nur bei Einzelunternehmen und Personengesellschaften durchgeführt werden; denn bei Kapitalgesellschaften (AG, GmbH) gibt es keine privaten Geschäftsvorgänge.

> Gewinn ist der Unterschied zwischen dem Eigenkapital am Ende und am Anfang des Geschäftsjahres, vermehrt um die Privatentnahmen und verringert um die Privateinlagen.

54
55 Tragen Sie die folgenden Beträge in ein Eigenkapital-konto ein, und schließen Sie es ab.

	54	55
Anfangsbestand	200 000,00	300 000,00
Aufwendungen	120 000,00	160 000,00
Erträge	180 000,00	140 000,00
Privatentnahmen	45 000,00	40 000,00
Privateinlagen	20 000,00	35 000,00

Ermitteln Sie den Geschäftserfolg (Gewinn oder Verlust) durch einen Aufwands- und Ertragsvergleich sowie durch einen Kapitalvergleich.

56
57 **Anfangsbestände:**

	56	57		56	57
Gebäude	80 000,00	90 000,00	Kasse	1 000,00	1 200,00
Geschäftsausst. . .	25 000,00	30 000,00	Bankguthaben . .	26 000,00	30 000,00
Waren	32 000,00	35 000,00	Eigenkapital . . .	?	?
Forderungen . . .	12 000,00	14 000,00	Verbindlichk. . . .	42 000,00	45 000,00

Kontenplan:

Eröffnungsbilanzkonto, Gebäude, Geschäftsausstattung, Waren, Forderungen, Kasse, Bank, Verbindlichkeiten, Mieterträge, Personalkosten, Steuern, Instand-haltung, Gewinn und Verlust, Privatentnahmen, Eigenkapital, Schlußbilanzkonto.

Geschäftsvorfälle:

	56	57
1. Wareneinkauf auf Ziel	4 500,00	5 000,00
2. Barabhebung bei der Bank	4 000,00	4 500,00
3. Banküberweisung für Schreibautomatenreparatur	420,00	460,00
für Kfz-Inspektion (Inhaber)	180,00	200,00
4. Privatentnahme bar	1 500,00	1 800,00
5. Barzahlung für Gehalt	2 400,00	2 700,00
6. Banküberweisung der Gewerbesteuer	300,00	320,00
der Miete für die Privatwohnung	800,00	850,00
7. Mieteinnahmen durch Bankscheck	5 000,00	3 000,00
8. Banküberweisung von Kunden	4 100,00	4 700,00

Aufgaben:

1. Eröffnen Sie die Bestandskonten über das Eröffnungsbilanzkonto, bilden Sie die Buchungssätze, buchen Sie auf den Bestands- und Erfolgskonten (Reihenfolge wie im Kontenplan angegeben), und schließen Sie die Konten ab (Buchwerte entsprechen den Inventurbeständen).

2. Ermitteln Sie den Erfolg durch einen Aufwands- und Ertragsvergleich sowie durch einen Kapitalvergleich.

650152

16   Die Konten des Warenverkehrs

Die Hauptaufgabe eines Handelsbetriebes besteht im Ein- und Verkauf von Waren. Daher muß der Gewinn des Unternehmens in erster Linie aus dieser Tätigkeit herrühren.

Bislang wurden die Waren immer zum Einkaufspreis verkauft. Deshalb konnte aus den Warengeschäften weder Gewinn noch Verlust entstehen. In Wirklichkeit schlägt der Händler dem Einkaufspreis die Kosten des Einkaufs, der Lagerung und des Verkaufs hinzu, rechnet eine angemessene Verzinsung seines Kapitals ein und versucht, einen Verkaufspreis zu erzielen, der ihm außerdem noch einen Gewinn einbringt. **Der Verkaufspreis liegt höher als der Einkaufspreis.** Es kommt allerdings auch vor, daß Waren in besonderen Fällen mit Verlust verkauft werden müssen.

Wollte man die eingekauften Waren zum Einkaufspreis und die verkauften Waren zum Verkaufspreis auf unserem bisherigen Warenkonto verrechnen, so würde dieses Konto wegen der unterschiedlichen Preise unübersichtlich. Der Saldo des Warenkontos wäre eine Mischung aus Bestand und Erfolg.

Daher bucht man die Einkäufe in einem Konto „Wareneingang", die Verkäufe in einem Konto „Warenverkauf". Beide Konten sind Erfolgskonten. Das Konto **Wareneingang** (= Aufwandskonto) zeigt den **Verkehr mit unseren Lieferern,** das Konto **Warenverkauf** (= Ertragskonto) den **Verkehr mit unseren Kunden.**

16.1   Buchungen in den Konten Wareneingang und Warenverkauf

Auf die **Sollseite des Wareneingangskontos** kommen die **Einkäufe** zu Einkaufspreisen (EP). Die Habenseite bleibt vorerst frei.

Auf die **Habenseite des Warenverkaufskontos** kommen die **Verkäufe** zu Verkaufspreisen (VP). Die Sollseite bleibt zunächst frei.

Ein Großhändler bezieht von einem Fabrikanten Waren auf Ziel (EP) 4 000,00 DM.

Buchung: Wareneingang 4 000,00
                 an Verbindlichkeiten 4 000,00

S	Wareneingang	H	S	Verbindlichkeiten	H
4 000,00					4 000,00

Der Großhändler verkauft die Waren an einen Kunden auf Ziel (VP) 5 000,00 DM.

Buchung: Forderungen 5 000,00
                 an Warenverkauf 5 000,00

S	Forderungen	H	S	Warenverkauf	H
5 000,00					5 000,00

Der Warenverkehr wird in zwei Konten erfaßt:

1. im Konto Wareneingang die Einkäufe zu EP, es enthält den Warenverkehr mit den Lieferern;
2. im Konto Warenverkauf die Verkäufe zu VP, es enthält den Warenverkehr mit den Kunden.

Beide Konten sind Erfolgskonten.

16.2 Abschluß der Warenkonten

Will man feststellen, ob bei den Warengeschäften ein Gewinn erzielt wurde oder ein Verlust entstanden ist, so muß man die Warenkonten abschließen. Dies geschieht meist am Ende des Geschäftsjahres.

Abschluß der Warenkonten <u>ohne</u> Warenbestände

Wareneinkäufe zu	(EP)	300 000,00 DM
Die gesamten Waren wurden verkauft zu	(VP)	360 000,00 DM

Beim Abschluß werden **die verkauften Waren** zum Einkaufspreis **dem Gewinn- und Verlustkonto belastet** und **dem Wareneingangskonto gutgeschrieben. Die** Verkaufspreise der **verkauften Waren belastet man dem Warenverkaufskonto** und **schreibt sie dem Gewinn- und Verlustkonto gut.**

Buchungen: Gewinn und Verlust 300 000,00
                 an Wareneingang 300 000,00

                 Warenverkauf 360 000,00
                 an Gewinn und Verlust 360 000,00

S	Wareneingang		H		S	Warenverkauf		H
(EP)	300 000,00	GuV	300 000,00		GuV	360 000,00	(VP)	360 000,00
	300 000,00		300 000,00			360 000,00		360 000,00

S	Gewinn- und Verlustkonto		H
WE	300 000,00	WV	360 000,00
Rohgew.	60 000,00		
	360 000,00		360 000,00

Auf dem Gewinn- und Verlustkonto stehen jetzt den **verkauften Waren zu Verkaufspreisen die verkauften Waren zu Einkaufspreisen** (Wareneinsatz) gegenüber. Der **Saldo** ist das **Ergebnis** des Warengeschäftes (360 000,00 DM ./. 300 000,00 DM = 60 000,00 DM). Den Gewinn von 60 000,00 DM bezeichnet man als **Warenrohgewinn.** Ein Reingewinn liegt erst vor, wenn nach Abzug der Kosten des Einkaufs, der Lagerung und des Verkaufs noch ein restlicher Gewinn vorhanden ist!

Abschluß der Warenkonten <u>mit</u> Warenbeständen

Bislang sind wir davon ausgegangen, daß im Abrechnungszeitraum kein Anfangsbestand an Waren vorhanden war und gleiche Warenmengen eingekauft und verkauft wurden. In der Praxis haben alle Handelsbetriebe **Warenbestände.** Diese **Bestände werden in dem aktiven Bestandskonto „Warenbestände" geführt.** Sie werden durch Inventur ermittelt.

Anfangsbestand und Endbestand dieses Kontos weichen meist voneinander ab. Ist der **Endbestand** an Waren **größer als** der **Anfangsbestand,** so sind **mehr Waren eingekauft als verkauft** worden. Es liegt ein **Mehrbestand** vor.

Warenanfangsbestand laut Inventur (EP) 30 000,00 DM	Wareneinkäufe (EP) 440 000,00 DM
Warenendbestand laut Inventur (EP) 40 000,00 DM	Warenverkäufe (VP) 500 000,00 DM

Aus dem Vergleich zwischen Anfangs- und Endbestand der Waren ergibt sich ein **Mehrbestand.** Es sind demnach mehr Waren eingekauft als verkauft worden. Würde dieser Mehrbestand nicht berücksichtigt, dann enthielte das Gewinn- und Verlustkonto im Soll die Aufwendungen für die größere Einkaufsmenge, während im Haben die Verkaufserlöse für die kleinere Umsatzmenge ständen.

650154

Zur Berichtigung des Ergebnisses muß daher der **Mehrbestand** von 10 000,00 DM **im Haben** des Kontos **Wareneingang berücksichtigt werden** durch die

Vorb. Abschlußbuchung: **Warenbestände** **10 000,00**
                 an **Wareneingang** **10 000,00**

Für die Übertragung des Warenbestandes lautet die

Abschlußbuchung: **Schlußbilanzkonto** **40 000,00**
                 an **Warenbestände** **40 000,00**

Die Salden der Konten Wareneingang und Warenverkauf werden wie bisher über das Gewinn- und Verlustkonto abgeschlossen.

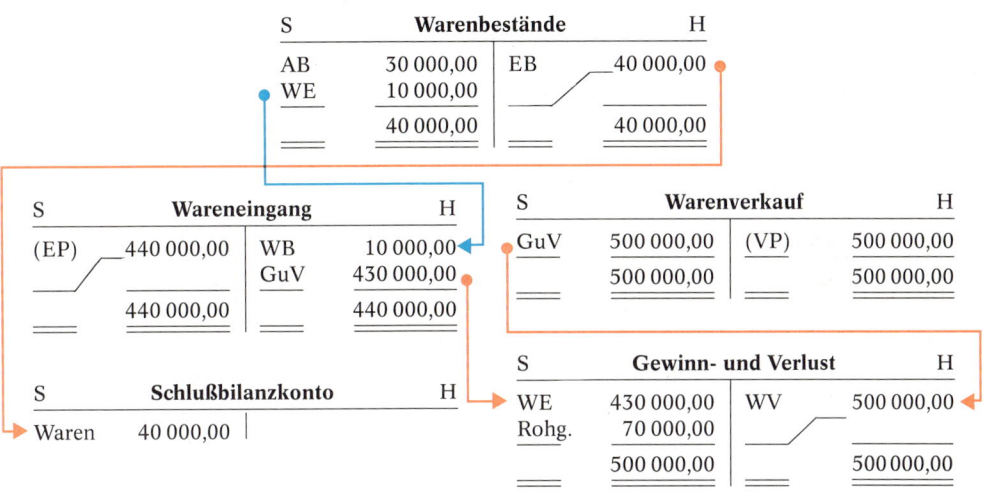

Stellt sich bei der Inventur des Warenbestandes heraus, daß der Endbestand kleiner als der Anfangsbestand ist, so liegt ein **Minderbestand** vor. Es sind mehr Waren verkauft als eingekauft worden. Das ist nur zu Lasten des Lagerbestandes möglich, der zu Beginn des Jahres vorhanden war. Auch hier muß eine Berichtigung vorgenommen werden.

Für den <u>Minderbestand</u> lautet die

Vorb. Abschlußbuchung: Wareneingang an **Warenbestände**

> Warenendbestand größer als Anfangsbestand = Mehrbestand
> Warenendbestand kleiner als Anfangsbestand = Minderbestand
>
> Die Umbuchungen der Bestandsveränderungen werden auf das Wareneingangskonto wie folgt vorgenommen:
> bei Mehrbestand: Warenbestände an Wareneingang
> bei Minderbestand: Wareneingang an Warenbestände
>
> Wareneinsatz und Verkaufserlöse werden auf das Gewinn- und Verlustkonto übertragen.
>
> Die Warenbestände werden über das SBK abgeschlossen.

Diesen Abschluß der Warenkonten **bezeichnet man als Bruttoabschluß,** weil im **Gewinn- und Verlustkonto** sowohl der **Wareneinsatz (Soll)** als auch die **Verkaufserlöse (Haben)** ausgewiesen werden, ohne daß sie gegeneinander verrechnet werden. Das Nettoergebnis des Warenrohgewinns kann man nur durch eine Nebenrechnung ermitteln:

Verkaufserlöse ⅄. Wareneinsatz = Warenrohgewinn

Das **Verhältnis zwischen Wareneinsatz und Rohgewinn ist** für den Kaufmann aufschluß-reich, es kennzeichnet **die Wirtschaftlichkeit des Warengeschäftes.**

1. Jahr: Wareneinsatz 750 000,00; Verkaufserlöse 825 000,00; Rohgewinn 75 000,00
2. Jahr: Wareneinsatz 800 000,00; Verkaufserlöse 880 000,00; Rohgewinn 80 000,00
3. Jahr: Wareneinsatz 1 000 000,00; Verkaufserlöse 1 075 000,00; Rohgewinn 75 000,00

Während in den beiden ersten Jahren der Rohgewinn 10 % des Wareneinsatzes beträgt, macht er im 3. Jahr nur 7,5 % aus und ist damit ungünstiger.

Stellen Sie die folgenden Angaben in den entsprechenden Konten dar. Ermitteln Sie mit Hilfe des Gewinn- und Verlustkontos den Rohgewinn/verlust.

58

Warenanfangsbestand	60 000,00	30 000,00	50 000,00	45.000,00
Warenendbestand	80 000,00	20 000,00	30 000,00	55.000,00
Wareneinkäufe	820 000,00	760 000,00	680 000,00	530.000,00
Warenverkäufe	900 000,00	850 000,00	690 000,00	525.000,00

---

59 Fragen:

1. *Wo erscheint bei der Eröffnung der Konten der Warenbestand?*

2. *Welche Vorgänge werden auf den Warenkonten gebucht?*
   Geben Sie auch an, auf welchen Seiten der Konten gebucht wird und zu welchen Preisen.

3. *Welcher Wert muß Ihnen bekannt sein, bevor Sie die Warenkonten abschließen können?*

4. *Wie berechnen Sie den Wareneinsatz?*

5. *Nennen Sie die Buchungssätze für den Abschluß der Warenkonten.*

Stellen Sie in den folgenden Aufgaben die Warenkonten, das Gewinn- und Verlustkonto sowie das Schlußbilanzkonto dar. Ermitteln Sie das Rohergebnis.

60

Anfangsbestand .	(EP)	12 500,00 DM
Einkäufe	(EP)	147 500,00 DM
Endbestand	(EP)	10 000,00 DM
Verkäufe	(VP)	165 000,00 DM

61

Anfangsbestand	(EP)	8 900,00 DM
Einkäufe	(EP)	87 400,00 DM
Endbestand	(EP)	11 300,00 DM
Verkäufe	(VP)	89 500,00 DM

---

62 Anfangsbestand . . . . . . 500 Packungen ⎫
Einkäufe . . . . 900 Packungen ⎬ . . . . je   4,00 DM
Endbestand . . . . 400 Packungen ⎭

Verkaufspreis je Packung . . . .   4,80 DM

---

63 Anfangsbestand . . . . . . 1 300 m ⎫
Einkäufe . . . . 6 200 m ⎬ . . . . je   1,50 DM
Endbestand . . . . 1 500 m ⎭

Verkaufspreis je m . . . .   1,45 DM

650156

64

Anfangsbestand	Einkäufe	Verkäufe	Endbestand
28 000,00 DM			
	1. 10 000,00 DM		
		2. 2 400,00 DM	
		3. 9 600,00 DM	
	4. 8 000,00 DM		
		5. 14 000,00 DM	
	6. 14 000,00 DM		
		7. 18 000,00 DM	
			23 000,00 DM

65

Anfangsbestand	450 Stück zu 1 350,00 DM	Verkauf zu 1 500,00 DM
Einkauf	800 Stück zu 2 400,00 DM	Verkauf zu 3 000,00 DM
Einkauf	1 200 Stück zu 3 480,00 DM	Verkauf zu 3 360,00 DM
Einkauf	1 750 Stück zu 4 900,00 DM	Verkauf zu 4 800,00 DM
Einkauf	550 Stück zu 1 650,00 DM	noch nicht verkauft.

66 Stellen Sie bei den Aufg. 60 bis 65 fest, ob aus den Warengeschäften ein Reingewinn entstanden ist, wenn die folgenden Aufwendungen noch zu berücksichtigen sind.

Aufg. 60: 7 600,00 DM Aufwendungen   Aufg. 63:   900,00 DM Aufwendungen
Aufg. 61: 2 800,00 DM Aufwendungen   Aufg. 64: 3 400,00 DM Aufwendungen
Aufg. 62: 1 700,00 DM Aufwendungen   Aufg. 65: 1 800,00 DM Aufwendungen

Stellen Sie die notwendigen Konten in den folgenden Aufgaben selbst zusammen.

67 **Anfangsbestände:**

Geschäftsausstattung	18 200,00	Eigenkapital	49 200,00
Waren	33 800,00	Darlehnsschulden	8 000,00
Forderungen	31 700,00	Bankschulden	7 300,00
Kasse	3 900,00	Verbindlichkeiten	25 500,00
Postbankguthaben	2 400,00		

Geschäftsvorfälle:

1. Kauf einer Schreibmaschine gegen Bankscheck 1 050,00
2. Wareneinkauf auf Ziel 14 100,00
3. Wir erhalten Provision bar 600,00
4. Warenverkauf bar 890,00
5. Bareinzahlung auf Bankkonto 3 000,00
6. Wir zahlen Gehalt bar 1 700,00
7. Barverkauf einer gebrauchten Schreibmaschine 400,00
8. Banküberweisung von Kunden 9 500,00
9. Warenverkäufe auf Ziel 12 400,00
10. Wir überweisen Miete durch die Bank 780,00
11. Barzahlung für Stromrechnung (Kto. Energie) 520,00
12. Wir überweisen Darlehnszinsen durch die Bank 400,00
13. Warenverkäufe gegen Bankscheck 4 030,00
14. Postbanküberweisung an Lieferer 2 000,00

Abschlußangabe: Warenbestand laut Inventur 34 500,00

68 **Anfangsbestände:**

Bankguthaben	3 300,00	Geschäftsausstattung	20 000,00
Darlehnsschulden	5 000,00	Kasse	3 200,00
Eigenkapital	36 700,00	Waren	38 700,00
Forderungen	19 100,00	Verbindlichkeiten	42 600,00

Geschäftsvorfälle:

1. Wareneinkauf auf Ziel 2 600,00
2. Banküberweisung an Lieferer 3 700,00
3. Warenverkauf auf Ziel 5 400,00
4. Banküberweisung für Miete 850,00
5. Bareinzahlung auf ein neues Postbankkonto 1 000,00
6. Lohnzahlung bar 1 340,00
7. Banküberweisung von Kunden 4 350,00
8. Warenverkauf bar 2 980,00
9. Bareinzahlung auf Postbankkonto 3 000,00
10. Postbanküberweisung an Lieferer 3 790,00
11. Wareneinkauf gegen Bankscheck 5 360,00
12. Barzahlung für Büromaterial 330,00
13. Warenverkauf auf Ziel 6 230,00
14. Bankbelastung für Zinsen 110,00
15. Barzahlung eines Kunden 1 400,00
16. Banküberweisung für Darlehnsrückzahlung 5 000,00

Abschlußangabe: Warenbestand laut Inventur: 37 330,00

---

69 **Anfangsbestände:**

Bankschulden	20 300,00	Geschäftsausstattung	32 000,00
Darlehnsschulden	12 000,00	Kasse	1 500,00
Eigenkapital	53 000,00	Postbankguthaben	4 300,00
Forderungen	26 700,00	Verbindlichkeiten	30 600,00
		Waren	51 400,00

Geschäftsvorfälle:

1. Banküberweisung für Darlehnsrückzahlung 6 000,00
2. Banküberweisung eines Kunden 9 450,00
3. Warenverkauf auf Ziel 10 320,00
4. Barzahlung für Fernsprechgebühren 470,00
5. Wareneinkauf gegen Bankscheck 4 090,00
6. Barzahlung eines Kunden 3 740,00
7. Bareinzahlung auf Bankkonto 3 000,00
8. Banküberweisung für Miete 980,00
9. Lohnzahlung bar 1 560,00
10. Banküberweisung an Lieferer 4 110,00
11. Wareneinkauf auf Ziel 8 160,00
12. Warenverkauf bar 2 050,00
13. Privatentnahme bar 600,00
14. Postbanküberweisung an Lieferer 3 320,00
15. Postbanküberweisung für Betriebssteuern 890,00
16. Warenverkauf auf Ziel 6 500,00

Abschlußangabe: Warenbestand laut Inventur 47 650,00

650158

17   Das Wesen der Umsatzsteuer (Mehrwertsteuer)

Zur Durchführung seiner Aufgaben benötigt der Staat Einnahmen. Seine Haupteinnahmequellen sind die Steuern. Eine Steuer mit einem besonders hohen Steueraufkommen ist die **Umsatzsteuer.**

Der Umsatzsteuer unterliegen die **Lieferungen** und sonstigen **Leistungen,** die ein Unternehmer im Erhebungsgebiet gegen Entgelt im Rahmen seines Unternehmens ausführt, der **Eigenverbrauch** und die **Wareneinfuhr** aus dem Ausland. Für Lieferungen und Leistungen unter Privatleuten entfällt daher die Umsatzsteuerpflicht.

Die Umsatzsteuer muß jedes Unternehmen selbst berechnen. Für die Berechnung der Umsatzsteuer benötigt man die Bemessungsgrundlage und den Steuersatz.

Die **Bemessungsgrundlage** bei allen Warenumsätzen ist der Nettowarenwert. Der **Steuersatz** wird vom Gesetzgeber festgelegt. Der allgemeine Steuersatz beträgt zur Zeit 15 %. Daneben gibt es für bestimmte Umsätze den ermäßigten Steuersatz von zur Zeit 7 %. Der ermäßigte Steuersatz gilt z. B. für Grundnahrungsmittel, Bücher und Zeitschriften. Einige Umsatzarten sind steuerfrei. Dazu zählen: Ausfuhrlieferungen und nahezu alle Kreditgewährungen.

Nettowarenwert	(= Bemessungsgrundlage)	1 000,00 DM	100 %
15 % Umsatzsteuer	(= Steuersatz)	150,00 DM	15 %
Bruttowarenwert		1 150,00 DM	115 %

Die Besteuerung des Mehrwertes

Die Umsatzsteuer wird heute vom **Mehrwert** erhoben.

Ein Großhändler bezieht eine Ware zum Nettoeinkaufspreis von 3 000,00 DM und kann sie zum Nettopreis von 4 000,00 DM verkaufen. Der Steuersatz beträgt 15 %.

Nettoeinkaufspreis	3 000,00 DM
Mehrwert	1 000,00 DM	▶ 15 % Umsatzsteuer = 150,00 DM
Nettoverkaufspreis	4 000,00 DM

Der Großhändler schlägt dem Nettoeinkaufspreis die Kosten des Einkaufs, der Lagerung und des Verkaufs sowie seinen Gewinn hinzu und erzielt damit einen Mehrwert, aus dem die Umsatzsteuer berechnet wird, die an das Finanzamt zu zahlen ist.

$$\text{Mehrwert} = \text{Verkaufspreis} \div \text{Einkaufspreis}$$

$$\text{Umsatzsteuer} = \frac{\text{Mehrwert} \cdot \text{Steuersatz}}{100}$$

---

70 Berechnen Sie aus den folgenden Angaben den Mehrwert und die Umsatzsteuer.

Nettoverkaufspreis	3 200,00 DM		Nettoverkaufspreis	7 600,00 DM	
Nettoeinkaufspreis	2 900,00 DM		Nettoeinkaufspreis	6 100,00 DM	
Steuersatz	15	%	Steuersatz	7	%
Umsatzsteuer	?	DM	Umsatzsteuer	?	DM
Nettoeinkaufspreis	2 700,00 DM		Nettoeinkaufspreis	1 450,00 DM	
Kostenzuschlag	300,00 DM		Kostenzuschlag	350,00 DM	
Gewinn	500,00 DM		Verlust	200,00 DM	
Nettoverkaufspreis	?	DM	Nettoverkaufspreis	?	DM
Steuersatz	15	%	Steuersatz	15	%
Umsatzsteuer	?	DM	Umsatzsteuer	?	DM

Der Mehrwert einer Ware läßt sich nicht von vornherein aus dem Einkaufspreis berechnen, da er auch vom Verkaufspreis abhängt, den der Kaufmann tatsächlich erzielt hat. Daher berechnet man den Mehrwert und die sich daraus ergebende Umsatzsteuer, indem man den Nettobetrag der Eingangsrechnung für den Einkauf der Ware mit dem Nettobetrag der Ausgangsrechnung für den Verkauf der Ware vergleicht.

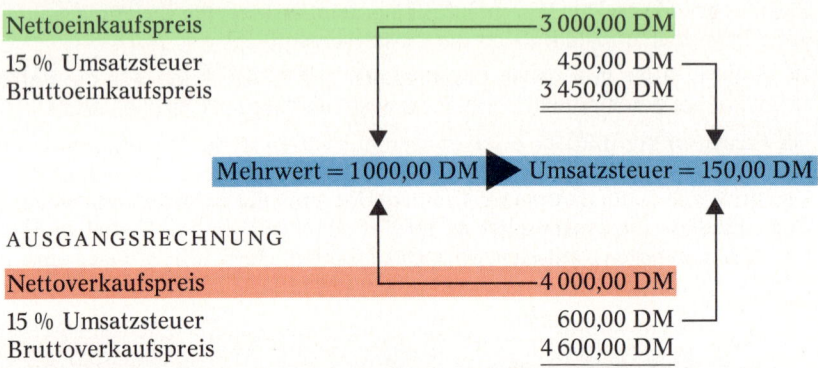

EINGANGSRECHNUNG

Nettoeinkaufspreis	3 000,00 DM
15 % Umsatzsteuer	450,00 DM
Bruttoeinkaufspreis	3 450,00 DM

Mehrwert = 1000,00 DM ▶ Umsatzsteuer = 150,00 DM

AUSGANGSRECHNUNG

Nettoverkaufspreis	4 000,00 DM
15 % Umsatzsteuer	600,00 DM
Bruttoverkaufspreis	4 600,00 DM

Der gesonderte Ausweis der Umsatzsteuer in der Eingangs- und Ausgangsrechnung macht es überflüssig, die Umsatzsteuer über den Mehrwert der verkauften Waren zu berechnen. Zum gleichen Ergebnis kommt man, wenn man von der Umsatzsteuer der Ausgangsrechnung die Umsatzsteuer der Eingangsrechnung abzieht.

Zahllast. Die in der Ausgangsrechnung ausgewiesene Umsatzsteuer von 600,00 DM ist eine Verbindlichkeit gegenüber dem Finanzamt, die der Unternehmer nicht in voller Höhe abzuführen hat. Er kann den in der Eingangsrechnung aufgeführten Steuerbetrag von 450,00 DM (= Forderung gegenüber dem Finanzamt) abziehen. Er hat demnach nur die Differenz zwischen der Umsatzsteuer der Ausgangs- und der Eingangsrechnung zu bezahlen = 150,00 DM. Dieser Betrag ist seine Zahllast.

> Umsatzsteuer ./. Vorsteuer = Zahllast
> Die Steuer in der Eingangsrechnung ist die Vorsteuer.
> Die Steuer in der Ausgangsrechnung ist die Umsatzsteuer.
> Die Differenz zwischen Umsatzsteuer und Vorsteuer ist die Zahllast.

Die Steuerschuld entsteht mit Ablauf des Voranmeldezeitraums (Monat oder Quartal), in dem die Leistung ausgeführt wird, unabhängig davon, wann gezahlt wird. Die Umsatzsteuer wird von den <u>vereinbarten</u> Entgelten erhoben (Sollbesteuerung). Werden die vereinbarten Entgelte durch Entgeltsminderungen wie Nachlässe oder Skonti nachträglich verändert, so kann die Änderung der Bemessungsgrundlage erst zum Zeitpunkt der Änderung berücksichtigt werden.

Für die meisten Unternehmen ist der Kalendermonat der Voranmeldezeitraum. Die Steuerbeträge aller Eingangs- und Ausgangsrechnungen eines Voranmeldezeitraums sind für die Ermittlung der Vorsteuer und der Umsatzsteuer maßgebend.

Unter Eingangsrechnungen sind nicht nur die Rechnungen über Wareneinkäufe zu verstehen, sondern auch über sonstige Lieferungen und Leistungen. Zu den Ausgangsrechnungen zählen neben den Warenverkaufsrechnungen auch die für sonstige Lieferungen und Leistungen, die den Kunden in Rechnung gestellt wurden.

650160

Eingangs- und Ausgangsrechnungen für den Monat März
ER., netto   75 000,00 DM, 15 % Vorsteuer 11 250,00 DM, brutto   86 250,00 DM
AR., netto 100 000,00 DM, 15 % USt   15 000,00 DM, brutto 115 000,00 DM

Die **Umsatzsteuervoranmeldung** für den Monat März sieht vereinfacht so aus:

	Umsatzsteuer	März	15 000,00 DM
./.	Vorsteuer	März	11 250,00 DM
=	Zahllast	März	3 750,00 DM

Die Zahllast ist bis zum 10. des folgenden Monats an das Finanzamt abzuführen.

Berechnen Sie die Zahllast.

71 AUSGANGSRECHNUNGEN:
Steuerpflichtiger Umsatz 250 000,00 DM zum allgemeinen Steuersatz
EINGANGSRECHNUNGEN:
Steuerpflichtiger Umsatz 180 000,00 DM zum allgemeinen Steuersatz

---

72 AUSGANGSRECHNUNGEN:
Steuerpflichtiger Umsatz zum allgemeinen Steuersatz 480 000,00 DM
Steuerpflichtiger Umsatz zum ermäßigten Steuersatz   120 000,00 DM
EINGANGSRECHNUNGEN:
Steuerpflichtiger Umsatz zum allgemeinen Steuersatz 340 000,00 DM
Steuerpflichtiger Umsatz zum ermäßigten Steuersatz   90 000,00 DM

---

73 Wie hoch war der steuerpflichtige Umsatz in den Ausgangsrechnungen, wenn im Voranmeldezeitraum 86 000,00 DM Vorsteuer geltend gemacht wurden, der allgemeine Steuersatz angewandt wurde und die Zahllast 49 000,00 DM betrug?

Die Umsatzsteuer ist eine **Verkehrssteuer.** Sie wird allein vom Letztverbraucher getragen; das ist in der Regel der Privatverbraucher (siehe Seite 63). Die Umsatzsteuer muß neben dem reinen Warenwert in allen Belegen gesondert ausgewiesen werden. Eine Ausnahme bilden nur die Kleinbetragsrechnungen, bei denen Nettowert und Umsatzsteuer den Betrag von (z.Z.) 200,00 DM nicht übersteigen. Diese Belege können den Nettowert und die Umsatzsteuer in einer Summe enthalten, müssen dann aber zusätzlich den angewendeten Steuersatz ausweisen.

Durchlaufender Posten. Der Unternehmer schlägt die Umsatzsteuer bei allen Ausgangsrechnungen dem Warenwert hinzu und erhält sie von seinem Kunden. Er selbst bezahlt seinen Lieferern die Vorsteuer der Eingangsrechnungen und dem Finanzamt die Zahllast. Daher ist die Umsatzsteuer erfolgsneutral.

Vorsteuer aus allen ER + Zahllast = Umsatzsteuer aus allen AR

Vorsteuerüberhang. In Ausnahmefällen kann die Vorsteuer eines Veranlagungszeitraumes höher sein als die Umsatzsteuer (z.B. bei Saisoneinkäufen). Dann hat das Unternehmen ein Guthaben beim Finanzamt, das bei der nächsten Zahlung verrechnet wird.

Netto- und Bruttobuchung. Der Unternehmer kann bei jedem steuerpflichtigen Umsatz Warenwert und Umsatzsteuer getrennt buchen (= Nettobuchung), oder er bucht den Rechnungsbetrag auf dem Warenkonto brutto, d.h. einschließlich Umsatzsteuer. Wählt er das Bruttoverfahren, so muß er am Ende des Voranmeldezeitraumes aus den Bruttobeträgen die Umsatzsteuer herausbuchen.

18 Die Umsatzsteuer beim Wareneingang und -verkauf

18.1 Buchungen beim Wareneingang

Ein Großhändler bezieht von einem Fabrikanten Waren auf Ziel.

> EINGANGSRECHNUNG
>
> Warenwert (netto)... 3 000,00 DM
> Umsatzsteuer .... 450,00 DM
>
> Rechnungsbetrag (brutto) .... 3 450,00 DM

Der Großhändler bucht den Wareneinkauf aufgrund der Eingangsrechnung, die Warenwert und die darauf entfallende Umsatzsteuer getrennt ausweist.

Die in der Eingangsrechnung aufgeführte Umsatzsteuer – die **Vorsteuer – ist eine Forderung** des Großhändlers **gegenüber dem Finanzamt**, da seine Umsatzsteuerschuld erst dann entsteht, wenn er die eingekauften Waren weiterverkauft. Deshalb **wird** die beim Einkauf in Rechnung gestellte Umsatzsteuer **im Soll** des Kontos

> **Vorsteuer**

gebucht. Das Konto Vorsteuer ist ein **Aktivkonto**.

Der Großhändler belastet sein Wareneingangskonto nur mit dem Warenwert. Den Rechnungsbetrag schreibt er dem Konto Verbindlichkeiten gut, da er dem Lieferer den Gesamtbetrag aus Warenwert und Umsatzsteuer schuldet.

Die Buchung beim Wareneinkauf auf Ziel lautet:

Wareneingang	**3 000,00**	
Vorsteuer	**450,00**	
an **Verbindlichkeiten**		**3 450,00**

S	Wareneingang	H		S	Verbindlichkeiten	H
	3 000,00					3 450,00

S	Vorsteuer	H
	450,00	

> Die Umsatzsteuer in den Eingangsrechnungen ist eine Forderung gegenüber dem Finanzamt. Sie wird im Soll des Aktivkontos Vorsteuer gebucht.

18.2 Buchungen beim Warenverkauf

1. Ein Großhändler verkauft Waren auf Ziel an einen Einzelhändler.

> AUSGANGSRECHNUNG
>
> Warenwert (netto)... 4 000,00 DM
> Umsatzsteuer .... 600,00 DM
>
> Rechnungsbetrag (brutto) .... 4 600,00 DM

Der Großhändler bucht den Warenverkauf aufgrund der Ausgangsrechnung, in der ebenfalls Warenwert und Umsatzsteuer gesondert aufgeführt werden.

650162

Der Großhändler hat dem Nettoeinkaufspreis seine anteiligen Kosten und den Gewinn zugeschlagen und dadurch einen Mehrwert von 1000,00 DM geschaffen (4000,00 ·/. 3000,00).

Den Rechnungsbetrag belastet er dem Konto Forderungen, da der Einzelhändler den Gesamtbetrag aus Warenwert und Umsatzsteuer zu zahlen hat. Dem Warenverkaufskonto wird nur der Warenwert gutgeschrieben.

Die aufgrund des Verkaufs angefallene und in der <u>Ausgangs</u>rechnung ausgewiesene **Umsatzsteuer ist eine Verbindlichkeit gegenüber dem Finanzamt. Sie wird daher im Haben** des Kontos

Umsatzsteuer

gebucht. Das Konto Umsatzsteuer ist ein **Passivkonto.**

Die Buchung beim <u>Warenverkauf</u> auf Ziel lautet:

Forderungen	**4600,00**	
an **Warenverkauf**		**4000,00**
an **Umsatzsteuer**		**600,00**

2. Der Großhändler entnimmt dem Geschäft Waren zum Eigenverbrauch;
   Warenwert 300,00 DM + Umsatzsteuer 45,00 DM = 345,00 DM.

Der Eigenverbrauch unterliegt – wie die Lieferung von Waren – **der Umsatzsteuer** (§ 1 Abs. 1 UStG). Der Unternehmer hat auch für die privaten Entnahmen von Waren einen Beleg anzufertigen, der den Warenwert (in der Regel ist dies der Einstandspreis) und die Umsatzsteuer getrennt ausweist. Der Eigenverbrauch von Waren wird nicht auf dem Konto Warenverkauf erfaßt, sondern auf dem Konto **Eigenverbrauch von Waren.**

Die Buchung der <u>Privatentnahmen von Waren</u> lautet:

Privatentnahmen	**345,00**	
an **Eigenverbrauch von Waren**		**300,00**
an **Umsatzsteuer**		**45,00**

Beide Geschäftsvorfälle stellen sich auf den Konten wie folgt dar:

S	Forderungen	H	S	Warenverkauf	H
1.	4600,00			1.	4000,00

S	Eigenverbrauch von Waren	H
	2.	300,00

S	Privatentnahmen	H	S	Umsatzsteuer	H
2.	345,00			1.	600,00
				2.	45,00

Das Konto **Eigenverbrauch von Waren** wird **als Erfolgskonto** wie das Warenverkaufskonto **über** das **Gewinn- und Verlustkonto abgeschlossen.**

> Die Umsatzsteuer in den Ausgangsrechnungen an Kunden und die Umsatzsteuer für die Privatentnahme von Waren ist eine Verbindlichkeit gegenüber dem Finanzamt. Sie wird im Haben des Passivkontos Umsatzsteuer gebucht.

18.3 Ermittlung und Bilanzierung der Zahllast

Ermittlung der Zahllast

Der Großhändler erhält aus dem Warenverkauf von seinem Kunden außer dem Warenwert 600,00 DM Umsatzsteuer. Die durch die private Entnahme von Waren angefallenen 45,00 DM Umsatzsteuer hat er selbst aufzubringen. Er schuldet daher dem Finanzamt zunächst 645,00 DM.

Der Großhändler hat aber auch durch die beim Wareneinkauf angefallene Vorsteuer, die er seinem Lieferer zu zahlen hat, eine Forderung in Höhe von 450,00 DM ans Finanzamt. Die **Vorsteuer** kann er **von** seiner **Umsatzsteuerschuld abziehen.** Seine **Zahllast** beträgt demnach 645,00 DM ./. 450,00 DM = 195,00 DM, die er an das Finanzamt abführt.

Abschluß der Konten Vorsteuer und Umsatzsteuer

Mit Ablauf des Voranmeldezeitraumes (Ende des Monats oder Vierteljahres) wird der **Saldo des Kontos Vorsteuer auf das Konto Umsatzsteuer übertragen.** Der **Saldo des Kontos Umsatzsteuer zeigt** dann die **Zahllast.**

Buchung: Umsatzsteuer an Vorsteuer 450,00

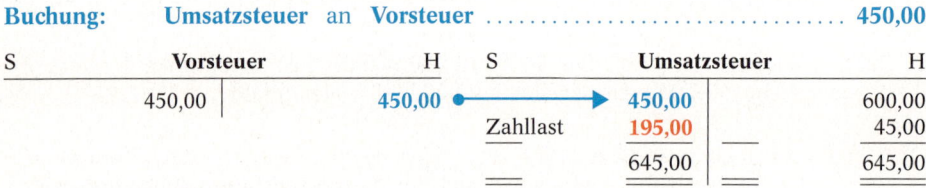

Umsatzsteuer abzüglich Vorsteuer = Zahllast

Zahlung an das Finanzamt

Die Zahllast ist bis zum 10. des folgenden Monats abzuführen.

Die Buchung bei der Zahlung an das Finanzamt lautet:

Umsatzsteuer an Kasse, Postbank oder Bank 195,00

Bilanzierung der Zahllast

Dezember:		
Ausgangsrechnungen, netto 90 000,00 DM	= Umsatzsteuer	13 500,00 DM
Eingangsrechnungen, netto 65 000,00 DM	= Vorsteuer	9 750,00 DM
	= **Zahllast**	3 750,00 DM

Beim Jahresabschluß ist die **Zahllast** des Monats Dezember als Verbindlichkeit in die Schlußbilanz zu übernehmen (zu **passivieren**).

Buchung: Umsatzsteuer an Schlußbilanzkonto 3 750,00

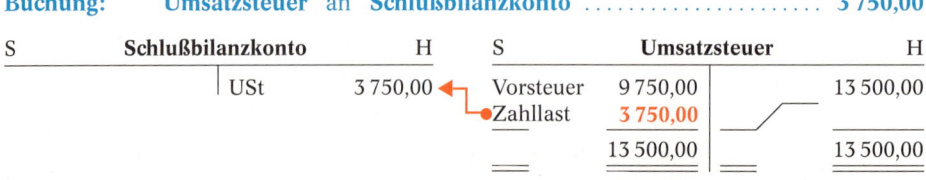

Beim Jahresabschluß ist die Zahllast zu passivieren.

18.4 Ermittlung des Vorsteuerüberhangs

Ist die Summe der **Vorsteuern höher als** die der **Umsatzsteuern** (z. B. bei Saisoneinkäufen), dann ist ein **Vorsteuerüberhang** entstanden.

Dezember:

Eingangsrechnungen, netto 100 000,00 DM	= Vorsteuer	15 000,00 DM
Ausgangsrechnungen, netto 80 000,00 DM	= Umsatzsteuer	12 000,00 DM
	= **Vorsteuerüberhang**	3 000,00 DM

In diesem Fall wird der **Saldo des Kontos Umsatzsteuer auf das Konto Vorsteuer übertragen** (auch hier wird gebucht: **Umsatzsteuer an Vorsteuer**). Der Saldo des Kontos Vorsteuer zeigt dann die Forderung gegenüber dem Finanzamt. Der **Vorsteuerüberhang** ist **beim Jahresabschluß** als Forderung in der Schlußbilanz auszuweisen (zu **aktivieren**).

Beim Jahresabschluß ist der Vorsteuerüberhang zu aktivieren.

---

74 Bilden Sie die Buchungssätze (allgemeiner Steuersatz)

1. Warenverkauf auf Ziel, Warenwert	1 700,00	
+ Umsatzsteuer	?	?
2. Wareneinkauf auf Ziel, Warenwert	2 400,00	
+ Umsatzsteuer	?	?
3. Warenverkauf gegen Bankscheck, Warenwert	2 800,00	
+ Umsatzsteuer	?	?
4. Wareneinkauf bar, Warenwert	500,00	
+ Umsatzsteuer	?	?
5. Barverkauf einer alten Schreibmaschine, netto	100,00	
+ Umsatzsteuer	?	?
6. Der Inhaber entnimmt Waren für den Haushalt, netto . . .	150,00	
+ Umsatzsteuer	?	?
7. Wareneinkauf gegen Bankscheck, Warenwert	3 000,00	
+ Umsatzsteuer	?	?
8. Banküberweisung an einen Lieferer		4 000,00
9. Warenverkauf bar, Warenwert	700,00	
+ Umsatzsteuer	?	?
10. Barzahlung von einem Kunden		400,00
11. Bareinzahlung aufs Bankkonto		1 000,00
12. Abschluß des Kontos Vorsteuer		?
13. Banküberweisung der Zahllast		?

---

75 Buchen Sie in den Konten: Bank, Forderungen, Verbindlichkeiten, Wareneingang, Warenverkauf, Eigenverbrauch von Waren, Privatentnahmen, Vorsteuer, Umsatzsteuer (allgemeiner Steuersatz).

1. Wareneinkauf auf Ziel .... 1 600,00 + ? USt
2. Warenverkauf auf Ziel .... 750,00 + ? USt
3. Verschiedene Wareneinkäufe auf Ziel .... 2 200,00 + ? USt
4. Verschiedene Warenverkäufe auf Ziel .... 4 500,00 + ? USt
5. Privatentnahme von Waren .... 200,00 + ? USt
6. Ermitteln Sie die Zahllast .... ?
7. Überweisen Sie die Zahllast an das Finanzamt.

76 Ein Großhändler hatte am 1. Dezember noch für 8 300,00 DM Waren auf seinem Lager. Er kaufte zusätzlich Waren auf Ziel ein zum Nettowert von 19 500,00 DM. Seine Verkäufe auf Ziel beliefen sich im gleichen Monat auf 22 700,00 DM netto.

Rechnen Sie mit dem derzeit gültigen allgemeinen Steuersatz.

Der Warenbestand lt. Inventur betrug am 31.12. 9 900,00 DM.

1. Buchen Sie in den Konten Forderungen, Verbindlichkeiten, Warenbestände, Wareneingang, Warenverkauf, Vorsteuer und Umsatzsteuer.
2. Ermitteln Sie die Zahllast.
3. Schließen Sie die Konten ab.

77 Ein anderer Großhändler hatte im Dezember folgende Umsätze:
Zielverkäufe netto 24 200,00 DM, Zieleinkäufe netto 34 600,00 DM.

Legen Sie den Ein- und Verkäufen den derzeit gültigen allgemeinen Steuersatz zugrunde.

Der Warenbestand betrug am 01.12. 4 200,00 DM und am 31.12. 17 210,00 DM.

1. Buchen Sie in den entsprechenden Konten.
2. Schließen Sie die Konten ab.
3. Welchen Unterschied zu Aufgabe 76 stellen Sie in bezug zur Vorsteuer und Umsatzsteuer fest?

78 **Fragen:**

1. Welche Umsätze unterliegen dem allgemeinen und welche dem ermäßigten Steuersatz? Welche Umsatzarten sind steuerfrei?

2. Wann ist die Umsatzsteuer eine Forderung, wann eine Verbindlichkeit gegenüber dem Finanzamt?

3. Wie ermitteln Sie die Zahllast?
Bis wann ist die Zahllast an das Finanzamt abzuführen?
Wie behandeln Sie die Zahllast beim Jahresabschluß?

4. Wodurch ergibt sich ein Vorsteuerüberhang?
Wie berechnen Sie den Vorsteuerüberhang?
Wohin kommt der Vorsteuerüberhang beim Jahresabschluß?

5. Wie wirkt sich die Umsatzsteuer auf das Unternehmensergebnis aus?

650166

79 **Anfangsbestände:**

Geschäftsausstattung	22 000,00	Eigenkapital	?
Waren	25 200,00	Verbindlichkeiten	15 310,00
Forderungen	8 670,00	Umsatzsteuer	420,00
Kasse	1 290,00		
Bankguthaben	9 740,00		

Kontenplan:

Eröffnungsbilanzkonto, Geschäftsausstattung, Warenbestände, Forderungen, Vorsteuer, Kasse, Bank, Verbindlichkeiten, Umsatzsteuer, Zinserträge, Wareneingang, Mieten, Kosten der Warenabgabe, Allgemeine Verwaltungskosten, Warenverkauf, Eigenverbrauch von Waren, Gewinn und Verlust, Privatentnahmen, Eigenkapital, Schlußbilanzkonto.

Geschäftsvorfälle:

1. Wir kaufen Waren auf Ziel lt. ER 143, Warenwert 4 300,00
   + Umsatzsteuer 645,00   4 945,00
2. Wir zahlen für Fernsprechgebühren bar 360,00
3. Wir verkaufen Waren auf Ziel lt. AR 536—538
   Warenwert 9 200,00
   + Umsatzsteuer 1 380,00   10 580,00
4. Die Bank schreibt uns Zinsen gut 45,00
5. Ein Kunde überweist durch die Bank 760,00
6. Wir verkaufen Waren bar, Warenwert 900,00
   + Umsatzsteuer 135,00   1 035,00
7. Wir überweisen an einen Lieferer durch die Bank 1 650,00
8. Wir kaufen Waren gegen Bankscheck, Warenwert 1 500,00
   + Umsatzsteuer 225,00   1 725,00
9. Wir überweisen die Umsatzsteuer durch die Bank 420,00
10. Wir verkaufen Waren auf Ziel (frachtfrei) lt. AR 539
    Warenwert 800,00
    + Umsatzsteuer 120,00   920,00
11. Die Paketgebühr hierfür wird bar bezahlt 10,00
12. Wir heben bei der Bank bar ab 1 000,00
13. Der Geschäftsinhaber entnimmt der Kasse 500,00
    und für den Haushalt Waren, netto 400,00
    + Umsatzsteuer 60,00   960,00
14. Wir überweisen die Geschäftsmiete[1] durch die Bank 1 740,00
15. Wir kaufen Briefmarken bar 60,00
16. Wir senden einem Lieferer einen Bankscheck 2 100,00
17. Wir kaufen Waren auf Ziel lt. ER 144, Warenwert 700,00
    + Umsatzsteuer 105,00   805,00
18. Wir zahlen bei der Bank bar ein 2 000,00

Abschlußangaben:

Die Zahllast ist zu ermitteln und zu passivieren.
Warenbestand laut Inventur 24 650,00

---

1 Mieten sind grundsätzlich umsatzsteuerfrei. Der Vermieter kann jedoch entscheiden, ob er die Miete der Umsatzsteuer unterwerfen will (Optionsrecht).

19   Die Umsatzsteuer bei Aufwendungen

Mit Umsatzsteuer belastet sind auch verschiedene Aufwendungen, z. B. für Geschäftsräume, Werbung und Reise, Provisionen, Warenabgabe, für Instandhaltung und für die allgemeine Verwaltung (nicht aber Aufwendungen des Post- und Fernmeldewesens)[1].

Der in den Belegen ausgewiesene Nettobetrag wird im Soll des entsprechenden „Aufwandkontos" und die jeweils gesondert ausgewiesene **Umsatzsteuer wird** – wie beim Wareneingang – **im Soll des Kontos Vorsteuer gebucht.** Die Vorsteuern müssen jedoch in unmittelbarem Zusammenhang mit Umsätzen für Unternehmenszwecke angefallen sein. Auch beim Kauf von Anlagegütern wird die Umsatzsteuer als Vorsteuer gebucht.

Wir kaufen Büromaterial gegen Barzahlung,
netto 300,00 DM + Umsatzsteuer 45,00 DM = 345,00 DM

Buchung:	Allgemeine Verwaltungskosten	300,00	
	Vorsteuer	45,00	
	an Kasse		345,00

Sind in einer Eingangsrechnung Aufwendungen mit Umsatzsteuer belastet, so wird die Umsatzsteuer als Vorsteuer gebucht.

---

80 **Anfangsbestände:** Geschäftsausstattung 41 600,00 DM, Waren 31 900,00 DM, Forderungen 14 500,00 DM, Kasse 2 720,00 DM, Bankguthaben 25 800,00 DM, Darlehnsschulden 12 000,00 DM, Verbindlichkeiten 16 300,00 DM.

Kontenplan: Eröffnungsbilanzkonto, Geschäftsausstattung, Warenbestände, Forderungen, Vorsteuer, Kasse, Bank, Darlehnsschulden, Verbindlichkeiten, Umsatzsteuer, Wareneingang, Werbekosten, Provisionen, Allgemeine Verwaltungskosten, Warenverkauf, Gewinn und Verlust, Eigenkapital, Schlußbilanzkonto.

Geschäftsvorfälle mit dem allgemeinen Steuersatz:

1. Banküberweisung an einen Lieferer		1 260,00
2. Warenverkauf auf Ziel, Warenwert 4 850,00		
+ Umsatzsteuer	?	?
3. Banküberweisung für Fernsprechgebühren		235,00
4. Banküberweisung von einem Kunden		780,00
5. Kauf von Büromaterial bar, netto	70,00	
+ Umsatzsteuer	?	?
6. Teilrückzahlung des Darlehns durch Banküberweisung ...		2 000,00
7. Barkauf eines Aktenschrankes, netto	760,00	
+ Umsatzsteuer	?	?
8. Provisionszahlung an den Vertreter bar, netto	620,00	
+ Umsatzsteuer	?	?
9. Wareneinkauf auf Ziel, Warenwert 1 850,00		
+ Umsatzsteuer	?	?
10. Banküberweisung für Werbedrucksachen, netto	80,00	
+ Umsatzsteuer	?	?

Abschlußangabe : Warenbestand laut Inventur 29 870,00

---

1 Obwohl ab 01.07.90 für Telekommunikations-Endgeräte USt anfällt, weisen wir bei Fernmelderechnungen keine USt aus, da bei jedem Unternehmer entsprechend der Ausstattung unterschiedliche USt-Beträge anfallen.

650168

81 **Anfangsbestände:**

Fuhrpark	28 000,00	Eigenkapital	?
Geschäftsausstattung	14 000,00	Bankschulden	15 800,00
Waren	26 300,00	Verbindlichkeiten	12 400,00
Forderungen	8 700,00	Umsatzsteuer	160,00
Kasse	450,00		
Postbankguthaben	1 260,00		

Kontenplan: Eröffnungsbilanzkonto, Fuhrpark, Geschäftsausstattung, Warenbestände, Forderungen, Vorsteuer, Kasse, Postbank, Bankschulden, Verbindlichkeiten, Umsatzsteuer, Zinsaufwendungen, Wareneingang, Personalkosten, Steuern, Energie, Kosten der Warenabgabe, Instandhaltung, Allgemeine Verwaltungskosten, Warenverkauf, Eigenverbrauch von Waren, Gewinn und Verlust, Privatentnahmen, Eigenkapital, Schlußbilanzkonto.

Geschäftsvorfälle:

1. Banküberweisung an einen Lieferer		2 140,00
2. Barzahlung für Verpackungsmaterial, netto	80,00	
+ Umsatzsteuer	12,00	92,00
3. Wareneinkauf auf Ziel, Warenwert	4 310,00	
+ Umsatzsteuer	646,50	4 956,50
4. Banküberweisung der fälligen Umsatzsteuer		160,00
5. Postbanküberweisung von zwei Rechnungsbeträgen:		
für Betriebsstrom, netto	520,00	
+ Umsatzsteuer	78,00	598,00
für Strom in der Wohnung des Inhabers, netto	210,00	
+ Umsatzsteuer	31,50	241,50
6. Barkauf von Briefmarken		40,00
7. Zinsbelastung der Bank		150,00
8. Banküberweisung für eine Kfz-Inspektion, netto	460,00	
+ Umsatzsteuer	69,00	529,00
9. Warenverkäufe auf Ziel, netto	5 400,00	
gegen Bankscheck, netto	3 600,00	
bar, netto	570,00	
Der gesamte Warenwert beträgt	9 570,00	
+ Umsatzsteuer	1 435,50	11 005,50
10. Überweisung vom Postbankkonto für Schreibmaschinenreparatur, netto	40,00	
+ Umsatzsteuer	6,00	46,00
11. Banküberweisung der Gewerbesteuer		210,00
12. Banküberweisung von Kunden		2 480,00
13. Barabhebung von der Bank		3 000,00
14. Gehaltszahlung bar		2 200,00
15. Privatentnahme von Bargeld	300,00	
von Waren	200,00	
+ Umsatzsteuer	30,00	530,00
Abschlußangabe: Warenbestand laut Inventur		27 280,00

20 Die Abschreibung

20.1 Das Wesen der Abschreibung

Anlagegüter wie Gebäude, Maschinen, Fahrzeuge, Betriebs- und Geschäftsausstattung sind langfristig an das Unternehmen gebunden. Sie zählen zum Anlagevermögen und **verlieren durch die Abnutzung und den technischen Fortschritt laufend an Wert.** Diese **Wertminderung** berücksichtigt man in der Buchführung **durch** die **Abschreibung.** Der steuerliche Begriff dafür heißt AfA = Absetzung für Abnutzung.

Die **Abschreibung** stellt Aufwand dar, sie wird auf dem Erfolgskonto „Abschreibungen" erfaßt und **schmälert,** wie jede andere Aufwandsart, **den Gewinn** des Unternehmens.

> Durch die Abschreibung verteilt man die Anschaffungskosten eines Anlagegutes rechnerisch auf die Nutzungsjahre.

20.2 Die Berechnung der Abschreibung

Die **Höhe des Abschreibungsbetrages richtet sich nach der** voraussichtlichen **Nutzungsdauer** des Anlagegutes. Je länger ein Anlagegut im Unternehmen genutzt werden kann, desto niedriger ist die Abschreibung, die jährlich verrechnet werden muß. Unterliegen Anlagegüter einer schnelleren Wertminderung (z.B. Pkw), so muß die jährliche Abschreibung höher angesetzt werden.

Neben der Nutzungsdauer ist für die Höhe der Abschreibung **die Berechnungsmethode maßgebend. Man unterscheidet** zwischen der **Abschreibung von den Anschaffungskosten** und der **Abschreibung vom Buchwert.** Bei der Abschreibung von den Anschaffungskosten führen die gleichbleibenden Anschaffungskosten zu gleichbleibenden (linearen) Abschreibungsbeträgen. Der von Jahr zu Jahr geringer werdende Buchwert verursacht bei der Abschreibung vom Buchwert fallende (degressive) Abschreibungsbeträge.

Die Anschaffungskosten einer Maschine betragen 180000,00 DM. Die Nutzungsdauer wird mit 10 Jahren angenommen. Vergleichen Sie die Abschreibungsbeträge und die Restwerte bei linearer Abschreibung von 10 % und degressiver von 30 %.

Abschreibung von den Anschaffungskosten		Abschreibung vom Buchwert
führt zu gleichbleibenden Abschreibungsbeträgen		führt zu fallenden Abschreibungsbeträgen
= lineare Abschreibung		= degressive Abschreibung
180 000,00 DM	**Anschaffungskosten**	180 000,00 DM
18 000,00 DM 10 % v. AK.	Abschreibung Ende 1. Jahr	30 % v. BW. 54 000,00 DM
162 000,00 DM	Buchwert Ende 1. Jahr	126 000,00 DM
18 000,00 DM	Abschreibung Ende 2. Jahr	37 800,00 DM
144 000,00 DM	Buchwert Ende 2. Jahr	88 200,00 DM
18 000,00 DM	Abschreibung Ende 3. Jahr	26 460,00 DM
126 000,00 DM	Buchwert Ende 3. Jahr	61 740,00 DM
18 000,00 DM	Abschreibung Ende 4. Jahr	18 522,00 DM
108 000,00 DM	Buchwert Ende 4. Jahr	43 218,00 DM
.	.	.
1,00 DM[1]	Buchwert Ende 10. Jahr	5 085,00 DM

1 = Erinnerungswert

650170

Bei der linearen Abschreibung ergibt sich **in jedem Jahr der gleiche Abschreibungsbetrag** von 18 000,00 DM. Die Maschine ist nach 10 Jahren bis auf den Erinnerungswert von 1,00 DM voll abgeschrieben. Durch diese Art der Abschreibung werden die Abschreibungsbeträge **gleichmäßig auf die Jahre der Nutzung** verteilt.

Bei der **degressiven Abschreibung** wird die Abschreibung im ersten Jahr auch von den Anschaffungskosten berechnet, in den darauf folgenden Jahren aber nur von den jeweiligen Buch- oder Restwerten. Daraus ergeben sich **jährlich fallende Abschreibungsbeträge.** Der Nullwert wird am Ende der Nutzungsdauer nicht erreicht. Soll er annähernd erzielt werden, muß der Abschreibungssatz wesentlich höher angesetzt werden als bei der linearen Berechnungsmethode. Zur Zeit ist es steuerlich nicht zulässig, degressiv einen höheren Abschreibungssatz als 30 % anzuwenden.

Die Abschreibungsbeträge der degressiven Abschreibung sind in den ersten Nutzungsjahren höher als bei der linearen Abschreibung. Erfahrungsgemäß ist die Wertminderung bei Anlagegütern in den ersten Nutzungsjahren besonders hoch, da auch neuwertige Anlagegüter nur mit hohen Verlusten verkauft werden können. Diesem Verlauf der Wertminderung trägt die degressive Abschreibung besonders gut Rechnung.

Hat sich ein Unternehmen für die lineare Abschreibung entschieden, muß es bei dieser Methode bleiben. Ein Wechsel von der degressiven zur linearen Abschreibung ist unter bestimmten Umständen steuerrechtlich möglich.

Jedes Anlagegut wird einzeln abgeschrieben. Dazu werden die Anlagegüter in einer **Anlagekartei** erfaßt. Für jeden einzelnen Anlagegegenstand wird eine eigene Karte geführt, die u.a. folgende Angaben enthält: Gegenstand, Anschaffungsdatum, Anschaffungswert, voraussichtliche Nutzungsdauer, Abschreibungen und Buchwert.

Wertminderung wird durch Abschreibung erfaßt.

Nutzungsdauer und Abschreibungsmethode bestimmen die Höhe der Abschreibung.

Abschreibungen verteilen die Anschaffungskosten auf die Dauer der Nutzung.

Abschreibungen schmälern den Gewinn.

20.3 Die Buchung der Abschreibung

Die Abschreibung verteilt die Anschaffungs- oder Herstellungskosten als Aufwand auf die Gewinn- und Verlustrechnungen der Nutzungsjahre. **Der Abschreibungsbetrag wird** am Ende des Jahres **dem Konto Abschreibungen belastet.**

Die Wertminderung muß ebenfalls im Schlußbilanzkonto berücksichtigt werden. Daher wird der Abschreibungsbetrag **dem Anlagekonto gutgeschrieben.**

Eine Maschine mit Anschaffungskosten von 180 000,00 DM wird jährlich mit 10 % linear abgeschrieben.

Buchung:　　Abschreibungen 18 000,00
　　　　　　　an Maschinen . . . . 　　　　　　18 000,00

S	Maschinen		H	S	Abschreibungen		H
AK	180 000,00	Abschr.	**18 000,00**	Masch.	**18 000,00**	GuV	18 000,00
		SBK	162 000,00				

S	Schlußbilanzkonto		H	S	Gewinn und Verlust		H
Masch.	162 000,00			Abschr.	18 000,00		

20.4 Die Bedeutung der Abschreibung

Auf dem Konto Maschinen wirkt sich die Abschreibung als Minderung der Anschaffungskosten aus; das Schlußbilanzkonto enthält daher nur noch den Tageswert der Maschine.

Das Gewinn- und Verlustkonto weist neben anderen Aufwendungen auch die Abschreibungen auf Anlagen aus. **Bei der Kalkulation** der Verkaufspreise **werden die Abschreibungen anteilig einbezogen** und kommen über die Verkaufspreise wieder herein. Nur so ist es dem Unternehmen möglich, die Mittel für die Ersatzbeschaffung von Anlagen aufzubringen. Man spricht von einem Kreislauf der Abschreibungen.

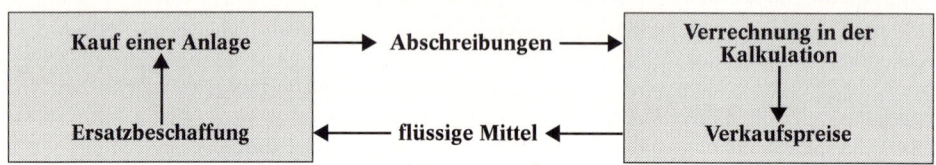

Abschreibungen ermöglichen Ersatzbeschaffungen über die Verkaufserlöse.

---

82 Die Anschaffungskosten einer Verpackungsmaschine betragen 40 000,00 DM. Am Ende des 1. Nutzungsjahres sollen 12½% von den Anschaffungskosten linear abgeschrieben werden. Mit welcher Nutzungsdauer rechnet das Unternehmen? Wie hoch ist der Abschreibungsbetrag für das 3. Nutzungsjahr? Wie lautet die Buchung?

---

83 Ein Stahlschrank mit Anschaffungskosten von 12 000,00 DM und einer Nutzungsdauer von 6 Jahren wird mit 30% degressiv abgeschrieben. Ermitteln Sie den Abschreibungsbetrag für das 3. Nutzungsjahr. Wie lautet die Buchung der Abschreibung?

---

84 Anschaffungskosten eines PKW 32 000,00 DM. Der Buchwert zu Beginn des 3. Nutzungsjahres beträgt 18 000,00 DM. Der PKW soll am Ende des 3. Jahres mit 25% degressiv abgeschrieben werden. Wie hoch ist der Abschreibungsbetrag?

---

85 Das Konto Geschäftsausstattung enthält:

im Soll: Anfangsbestand und Zugänge . . . .   180 000,00 DM (Buchwerte)
im Haben: verkaufte Anlagegegenstände . . . .   30 000,00 DM (Buchwerte)
Schreiben Sie 20 % degressiv ab.

---

86 **Anfangsbestände:**

Fuhrpark 40 000,00 DM, Geschäftsausstattung 30 000,00 DM, Waren 58 100,00 DM, Forderungen 40 700,00 DM, Kasse 4 200,00 DM, Bankguthaben 13 600,00 DM, Darlehnsschulden 63 400,00 DM, Verbindlichkeiten 50 700,00 DM, Eigenkapital ? DM. Stellen Sie die notwendigen Konten selbst zusammen.

650172

Geschäftsvorfälle (allgemeiner Steuersatz):

1. Wareneinkäufe auf Ziel, Warenwert 19 100,00
   + Umsatzsteuer .... ?   ?
2. Barzahlung für Löhne 2 080,00
3. Banküberweisung für Treibstoffrechnung, netto 400,00
   + Umsatzsteuer .... ?   ?
4. Barkauf von Büromaterial, netto 240,00
   + Umsatzsteuer .... ?   ?
5. Verkauf gebrauchter Büromöbel bar, netto 300,00
   + Umsatzsteuer .... ?   ?
6. Zieleinkauf neuer Büromöbel, netto 2 800,00
   + Umsatzsteuer .... ?   ?
7. Warenverkäufe auf Ziel, Warenwert 38 300,00
   + Umsatzsteuer .... ?   ?
8. Banküberweisungen von Kunden 24 600,00
9. Banküberweisung für IHK-Beitrag 560,00
10. Banküberweisung der Lebensversicherungs-
    prämie für den Geschäftsinhaber 3 200,00
11. Banküberweisungen an Lieferer 13 100,00
12. Bankabbuchung für Telefonrechnung 670,00

Abschlußangaben:

Abschreibungen auf Fuhrpark 12 % von den Anschaffungskosten .. 75 000,00 DM
          auf Geschäftsausstattung 20 % vom Buchwert

Warenbestand laut Inventur .... 56 400,00 DM

---

87   **Anfangsbestände:**

Gebäude	180 000,00	Eigenkapital	159 500,00
Fuhrpark	106 000,00	Hypothekenschulden	100 000,00
Geschäftsausstattung	42 800,00	Darlehnsschulden	120 000,00
Waren	61 700,00	Bankschulden	4 300,00
Forderungen	48 900,00	Verbindlichkeiten	59 700,00
Kasse	2 100,00	Umsatzsteuer	900,00
Postbankguthaben	2 900,00		

Stellen Sie die notwendigen Konten selbst zusammen.

Geschäftsvorfälle (allgemeiner Steuersatz):

1. Barzahlung für Büromaterial, netto 100,00
   + Umsatzsteuer .... ?   ?
2. Bankgutschrift für Mieteinnahmen[1], netto 1 200,00
   + Umsatzsteuer .... ?   ?
3. Warenverkäufe auf Ziel, Warenwert 22 000,00
            bar, Warenwert 4 500,00
   + Umsatzsteuer .... ?   ?

---

1   vgl. Fußnote auf Seite 67

4. Barzahlung für Gehälter 2 900,00

 5. Banküberweisung für Gewerbesteuer 780,00

 6. Verkauf eines gebrauchten PKW gegen Bankscheck, netto 3 000,00
    + Umsatzsteuer .... ? ?

 7. Wareneinkäufe auf Ziel, Warenwert 20 400,00
    + Umsatzsteuer .... ? ?

 8. Postbanküberweisungen für
    Kraftfahrzeugreparatur, netto 1 300,00
    Benzinrechnung, netto 900,00
    + Umsatzsteuer .... ? ?

 9. Banküberweisungen von Kunden 19 700,00

10. Banküberweisung für Umsatzsteuer.................... 900,00

11. Privatentnahme von Waren, Warenwert 500,00
    + Umsatzsteuer .... ? ?

12. Postbanküberweisung für Werbeanzeige, netto 100,00
    + Umsatzsteuer .... ? ?

13. Banküberweisungen an Lieferer 30 100,00

14. Postbanküberweisung für Haftpflichtversicherung 280,00

15. Warenverkäufe bar, Warenwert 3 100,00
    + Umsatzsteuer .... ? ?

16. Bareinzahlung auf dem Bankkonto 6 000,00

17. Postbanküberweisungen von Kunden 12 300,00

18. Bank belastet unser Konto mit Zinsen 800,00

19. Überweisung vom Postbankkonto auf Bankkonto 12 000,00

20. Kauf einer Rechenmaschine bar, netto 700,00
    + Umsatzsteuer .... ? ?

21. Kapitaleinlage des Geschäftsinhabers durch
    Einzahlung auf das Bankkonto 20 000,00

22. Banküberweisungen für
    Stromrechnung, netto 2 800,00
    Fernwärme, netto 1 700,00
    + Umsatzsteuer .... ? ?

23. Warenverkäufe auf Ziel, Warenwert 25 000,00
    + Umsatzsteuer .... ? ?

24. Barzahlung für Schreibmaschinenreparatur, netto 200,00
    + Umsatzsteuer .... ? ?

25. Bankbelastung für Telefonrechnung 870,00

Abschlußangaben:

Abschreibungen auf Fuhrpark vom Buchwert .... 8 %
        auf Geschäftsausstattung vom Buchwert.................. 10 %

Warenbestand laut Inventur 59 100,00

650174

88 **Anfangsbestände:**

Fuhrpark	16 000,00	Postbankguthaben	12 000,00
Geschäftsausstattung	32 000,00	Bankguthaben	11 000,00
Darlehnsforderungen	50 000,00	Eigenkapital	171 000,00
Waren	58 000,00	Verbindlichkeiten	49 000,00
Forderungen	39 000,00	Umsatzsteuer	1 000,00
Kasse	3 000,00		

Kontenplan: außer den o. a. Konten sind zu führen:

Eröffnungsbilanzkonto, Vorsteuer, Zinserträge, Wareneingang, Personalkosten, Steuern, Abschreibungen, Warenverkauf, Eigenverbrauch von Waren, Gewinn und Verlust, Privatentnahmen, Schlußbilanzkonto.

Geschäftsvorfälle:

1. Wir kaufen Waren auf Ziel, Warenwert	4 700,00	
+ Umsatzsteuer	?	?
2. Wir zahlen Umsatzsteuer durch Postbanküberweisung		1 000,00
3. Wir verkaufen Waren auf Ziel, Warenwert	7 100,00	
+ Umsatzsteuer	?	?
4. Wir zahlen Gewerbesteuer durch Postbanküberweisung		1 600,00
5. Der Inhaber zahlt Einkommensteuer d. Banküberweisung		2 400,00
6. Wir verkaufen einen gebrauchten Lieferwagen bar, netto	2 000,00	
+ Umsatzsteuer	?	?
7. Wir zahlen Löhne durch Postbanküberweisung		2 900,00
8. Wir kaufen einen Lieferwagen gegen Bankscheck, netto	24 000,00	
+ Umsatzsteuer	?	?
9. Der Inhaber entnimmt Waren, Warenwert	400,00	
+ Umsatzsteuer	?	?
10. Wir verkaufen Waren auf Ziel, Warenwert	10 500,00	
+ Umsatzsteuer	?	?
11. Wir erhalten Dahrlehnszinsen durch die Bank		4 000,00
12. Wir kaufen Waren auf Ziel, Warenwert	7 000,00	
+ Umsatzsteuer	?	?
13. Wir überweisen an Lieferer durch die Postbank		6 300,00
14. Wir verkaufen gebrauchte Büromöbel bar, netto	3 000,00	
+ Umsatzsteuer	?	?
15. Wir kaufen neue Büromöbel auf Ziel, netto	18 000,00	
+ Umsatzsteuer	?	?
16. Kunden überweisen auf das Bankkonto		10 700,00
17. Wir verkaufen Waren auf Ziel, Warenwert	17 000,00	
+ Umsatzsteuer	?	?
18. Wir zahlen auf das Bankkonto bar ein		3 000,00

Abschlußangaben:

Abschreibungen auf Fuhrpark 16⅔ % linear v. d. Anschaffungskosten	42 000,00
auf Geschäftsausstattung 20 % degressiv	
Warenbestand laut Inventur	52 700,00

89 **Anfangsbestände:**

Fuhrpark	44 000,00	Postbankguthaben	19 000,00
Betriebsausstattung	29 000,00	Bankguthaben	13 000,00
Waren	62 000,00	Eigenkapital	90 000,00
Forderungen	41 000,00	Darlehnsschulden	70 000,00
Vorsteuerguthaben	1 000,00	Verbindlichkeiten	53 000,00
Kasse	4 000,00		

Kontenplan: außer den o. a. Konten sind zu führen:
Eröffnungsbilanzkonto, Umsatzsteuer, Zinsaufwendungen, Wareneingang, Personalkosten, Werbekosten, Kosten der Warenabgabe, Abschreibungen, Warenverkauf, Eigenverbrauch von Waren, Gewinn und Verlust, Privatentnahmen, Schlußbilanzkonto.

Geschäftsvorfälle (allgemeiner Steuersatz):

1. Wir verkaufen Waren auf Ziel, Warenwert	14 200,00	
+ Umsatzsteuer	?	?
2. Kunden überweisen auf das Bankkonto		7 180,00
3. Wir verkaufen einen gebrauchten PKW gegen Bankscheck	2 000,00	
+ Umsatzsteuer	?	?
4. Wir überweisen Gehälter durch die Bank		3 100,00
5. Wir kaufen Waren auf Ziel, Warenwert	5 200,00	
+ Umsatzsteuer	?	?
6. Der Inhaber überweist Hausratversicherung d. Bank		450,00
7. Wir kaufen Verpackungsmaterial bar ein, netto	300,00	
+ Umsatzsteuer	?	?
8. Wir kaufen einen neuen PKW auf Ziel, netto	28 000,00	
+ Umsatzsteuer	?	?
9. Wir überweisen an Lieferer durch die Bank		4 560,00
10. Wir kaufen Waren auf Ziel, Warenwert	2 100,00	
+ Umsatzsteuer	?	?
11. Wir verkaufen eine gebr. Schreibmaschine bar, netto	200,00	
+ Umsatzsteuer	?	?
12. Wir kaufen einen Schreibautom. geg. Bankscheck, netto	6 400,00	
+ Umsatzsteuer	?	?
13. Kunden überweisen auf Postbankkonto		13 280,00
14. Wir zahlen für Werbekosten bar, netto	900,00	
+ Umsatzsteuer	?	?
15. Wir verkaufen Waren auf Ziel, Warenwert	19 000,00	
+ Umsatzsteuer	?	?
16. Wir zahlen Darlehnszinsen durch die Bank		1 800,00
17. Der Inhaber entnimmt Waren, Warenwert	500,00	
+ Umsatzsteuer	?	?
18. Wir zahlen für den neuen PKW durch Postbankscheck (vgl. Nr. 8).		?

Abschlußangaben:

Abschreibungen auf Fuhrpark 20 % degressiv

auf Betriebsausstattung 10 % linear von den AK ... 42 000,00

Warenbestand laut Inventur ... 53 500,00

650176

21 Das Buchen von Belegen

21.1 Die Bedeutung der Belege

Im Unterricht können wir die Buchführung zunächst nicht so gestalten wie im Betrieb. Wir behelfen uns deshalb vorläufig mit „angegebenen" Geschäftsvorfällen.

Im Unternehmen dagegen **liegt jeder Buchung ein Beleg zugrunde.** Der Beleg löst die Buchung aus. Deswegen ist der Beleg ein **wesentlicher Bestandteil der Buchführung.** Seine Bedeutung für die Ordnungsmäßigkeit der Buchführung wird durch den Grundsatz:

Keine Buchung ohne Beleg

besonders hervorgehoben. **Belege** enthalten die Einzelheiten des Geschäftsvorfalles und **dienen als Beweis** dafür, daß der Geschäftsvorfall der Buchung entspricht.

Buchungsbelege können sowohl Urschriften der eingegangenen als auch Durchschriften der ausgegangenen Schriftstücke sein sowie solche, die im innerbetrieblichen Ablauf angefertigt worden sind. (Vgl. Seite 32)

Nicht alle eingehenden und ausgehenden Schriftstücke sind für die Buchführung **Belege** und Anlaß zu einer Buchung. Für die Buchführung sind nur die Schriftstücke Belege, die zu einer Änderung des Vermögens oder des Kapitals führen bzw. Aufwendungen oder Erträge ausweisen.

---

90 Entscheiden Sie, in welchen der folgenden Fälle das Schriftstück ein Beleg ist und damit in der Buchführung zu einer Buchung führt.

1. Wir erhalten vom Lieferer eine Warensendung mit Eingangsrechnung.
2. Wir erhalten von unserem Kunden eine Bestellung.
3. Aufgrund der Bestellung des Kunden senden wir eine Auftragsbestätigung.
4. Zum vereinbarten Termin senden wir dem Kunden die Waren mit Rechnung.
5. Der Kunde reklamiert Mängel an der letzten Warenlieferung.
6. Wir teilen dem Kunden den Preisnachlaß wegen der Mängelrüge mit.
7. Wir stellen bei der Bank einen Kreditantrag.
8. Wir erhalten von der Bank die Kreditzusage.
9. Wir nehmen im Rahmen des eingeräumten Kredites einen Teilbetrag durch Banküberweisung in Anspruch.
10. Wir schließen mit einem Mieter einen Mietvertrag ab.
11. Auf unserem Bankkonto geht die Miete ein.
12. Wir kündigen dem Mieter.
13. Wir erteilen einem Lieferer einen Großauftrag über eine Warenlieferung.
14. Nach Eintreffen der Auftragsbestätigung leisten wir vertragsgemäß eine Anzahlung durch Banküberweisung.

21.2 Die Belegorganisation

Der **Beleg** stellt das **Bindeglied zwischen dem Geschäftsvorfall und der Buchung** dar. Die Verbindung wird dadurch hergestellt, daß die Belege mit Buchungsvermerken oder Kontierungsstempeln versehen werden, die mit den entsprechenden Belegvermerken in der Buchführung übereinstimmen.

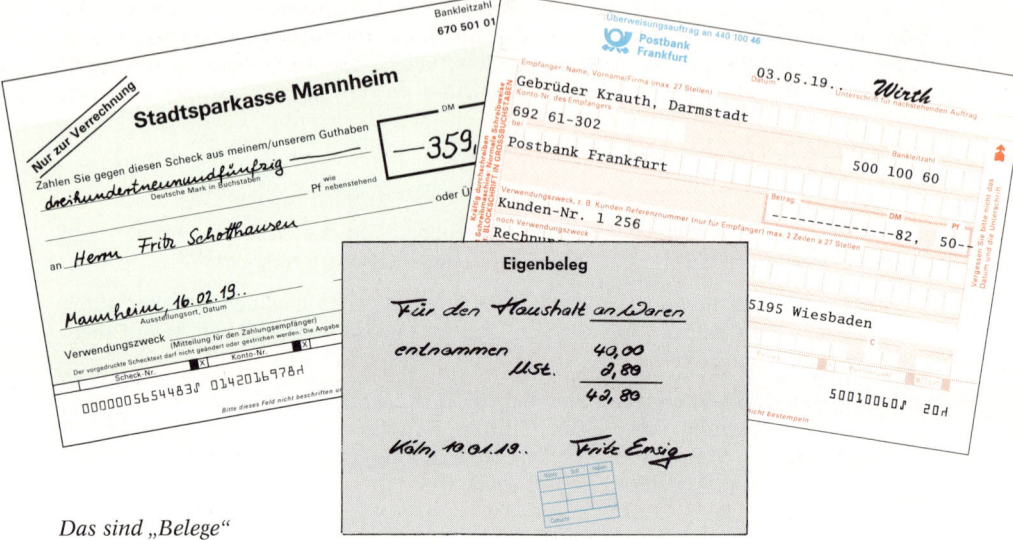

Das sind „Belege"

In der modernen Buchführung hat der Beleg wesentlich an Bedeutung gewonnen. Er ist ein wichtiges Beweismittel für die Richtigkeit der Aufzeichnungen.

Nach § 257 Abs. 1 HGB ist jeder Kaufmann verpflichtet, „die Belege für Buchungen in den von ihm zu führenden Büchern geordnet aufzubewahren." Damit ein späterer Zugriff zu den Belegen erleichtert wird, teilt man die Belege schon bei der Bearbeitung nach Arten ein und versieht sie mit einer laufenden Numerierung, z. B.:

AR 1748 = Ausgangsrechnung Nr. 1748 an einen Kunden
ER 936 = Eingangsrechnung Nr. 936 von einem Lieferer
BK 148 = Bankauszug   Nr. 148
Ka 271 = Kassenbeleg   Nr. 271
Pr   16 = Privatbeleg   Nr.   16

Art und Größe des Unternehmens bestimmen die Anzahl der Belegarten, in die man die Belege einteilt.

Da die Belege sechs Jahre aufbewahrt werden müssen, ist die Belegorganisation vor allem für spätere Betriebsprüfungen wichtig. Ordnungsmäßig ist eine Buchführung nur dann, wenn auch die Belege in angemessener Zeit „auffindbar" sind. Man geht heute dazu über, die Belege nicht mehr im Original aufzubewahren, sondern sie auf Mikrofilmen zu registrieren. § 257 Abs. 3 HGB nennt dafür die Voraussetzungen:

Belege können als Wiedergabe auf einem Bildträger aufbewahrt werden, wenn sichergestellt ist, daß die Wiedergaben bildlich mit den Belegen übereinstimmen, während der Dauer der Aufbewahrungsfrist verfügbar sind und jederzeit innerhalb angemessener Frist lesbar gemacht werden können.

91 **Anfangsbestände:**

Fuhrpark	20 000,00	Eigenkapital	56 000,00
Geschäftsausstattung	14 000,00	Darlehnsschulden	46 000,00
Waren	67 000,00	Bankschulden	9 000,00
Forderungen	51 000,00	Verbindlichkeiten	48 000,00
Kasse	7 000,00		

Kontenplan: führen Sie außer den o.a. Bestandskonten folgende Konten: Eröffnungsbilanzkonto, Vorsteuer, Umsatzsteuer, Zinsaufwendungen, Wareneingang, Personalkosten, Mieten, Steuern, Energie, Instandhaltung, Abschreibungen, Warenverkauf, Gewinn und Verlust, Privatentnahmen, Schlußbilanzkonto.

Die folgenden Belegangaben sind für Juni zu buchen (allgemeiner Steuersatz):

03. AR. Nr. 947–950	Zielverkäufe von Waren, Warenwert	13 000,00		
	+ Umsatzsteuer	?		?
04. Kassenbeleg:	Miete für Juni, netto	700,00		
	+ Umsatzsteuer	?		?
05. Bankauszug:	Scheckeinlösung (Lieferer) Nr. 678.456		4 280,00	
	Vergütungen von Kunden		16 310,00	
06. Kassenbeleg:	Privatentnahme		1 000,00	
07. Bankauszug:	Scheckeinlösung Privat Nr. 678.457		875,00	
10. Kassenbeleg:	Barverkäufe von Waren, Warenwert	5 700,00		
	+ Umsatzsteuer	?		?
11. ER. Nr. 287	Zieleinkäufe von Waren, Warenwert	12 900,00		
	+ Umsatzsteuer	?		?
12. Bankauszug:	Scheckeinzug von Kunden		15 430,00	
	Lastschrift für Strom, netto	640,00		
	+ Umsatzsteuer	?		?
13. Kassenbeleg:	Lohnzahlung		3 500,00	
14. Bankauszug:	Bareinzahlung		7 000,00	
	Überweisung Gewerbesteuer		720,00	
	Überweisung an Lieferer		18 100,00	
18. AR. Nr. 951	Zielverkäufe von Waren, Warenwert	16 500,00		
	+ Umsatzsteuer	?		?
19. Bankauszug:	Überweisung Darlehnstilgung	1 000,00		
	Darlehnszinsen	1 500,00	2 500,00	
20. Kassenbeleg:	Reinigungsmaterial Büro, netto	400,00		
	+ Umsatzsteuer	?		?
21. ER. Nr. 288	Zieleinkäufe von Waren, Warenwert	28 000,00		
	+ Umsatzsteuer	?		?
25. AR. Nr. 952	Zielverkäufe von Waren, Warenwert	32 000,00		
	+ Umsatzsteuer	?		?
26. Bankauszug:	Überweisung an Lieferer		16 000,00	

Abschlußangaben:

Abschreibung auf Fuhrpark	2 % von den Anschaffungskosten	60 000,00
Abschreibung auf Geschäftsausstg.	1 % von den Anschaffungskosten	30 000,00
Warenbestand laut Inventur		68 800,00

92 **Anfangsbestände:**

Fuhrpark	22 000,00	Eigenkapital	59 000,00
Geschäftsausstattung	18 000,00	Darlehnsschulden	37 000,00
Waren	61 000,00	Bankschulden	18 000,00
Forderungen	52 000,00	Verbindlichkeiten	42 000,00
Kasse	6 000,00	Umsatzsteuer	3 000,00

Kontenplan: führen Sie außerdem folgende Konten:
Eröffnungsbilanzkonto, Vorsteuer, Zinserträge, Wareneingang, Personalkosten, Mieten, Werbekosten, Instandhaltung, Allgemeine Verwaltungskosten, Abschreibungen, Warenverkauf, Gewinn und Verlust, Schlußbilanzkonto.

Die folgenden Belegangaben sind für Juli zu buchen (allgemeiner Steuersatz):

01. ER. Nr. 289	Zieleinkäufe von Waren, Warenwert .	5 500,00	
	+ Umsatzsteuer	?	?
04. Bankauszug:	Vergütungen von Kunden		13 100,00
05. Kassenbeleg:	Gehaltszahlung		3 900,00
06. Bankauszug:	Scheckeinlösung (Lieferer) Nr. 678.458		8 120,00
08. Kassenbeleg:	Schreibmaschinenreparatur, netto . . .	380,00	
	+ Umsatzsteuer	?	?
11. Bankauszug:	Überweisung an Lieferer		9 700,00
	Überweisung Umsatzsteuer		3 000,00
12. Bankauszug:	Miete für Juli, netto	800,00	
	+ Umsatzsteuer	?	?
	Überweisung Werbekosten, netto . . .	1 200,00	
	+ Umsatzsteuer	?	?
13. ER. Nr. 290–293	Zieleinkäufe von Waren, Warenwert .	11 900,00	
	+ Umsatzsteuer	?	?
14. Bankauszug:	Scheckeinzug von Kunden		14 700,00
15. AR. Nr. 953–958	Zielverkäufe von Waren, Warenwert .	31 400,00	
	+ Umsatzsteuer	?	?
18. Kassenbeleg:	Kfz-Reparatur, netto	720,00	
	+ Umsatzsteuer	?	?
19. Bankauszug:	Vergütungen von Kunden		9 800,00
20. Bankauszug:	Barabhebung		4 000,00
21. Kassenbeleg:	Lohnzahlung		3 100,00
22. Kassenbeleg:	Einlage in Portokasse aus Hauptkasse (Allg. Verw.-Kosten)		60,00
	Barverkäufe von Waren, Warenwert .	6 500,00	
	+ Umsatzsteuer	?	?
27. Bankauszug:	Bareinzahlung		9 000,00
28. Brief an Kunden:	Belastung mit Verzugszinsen		140,00

Abschlußangaben:

Abschreibung auf Fuhrpark	degressiv	2 %
Abschreibung auf Geschäftsausstattung degressiv.		1 %
Warenbestand laut Inventur		48 900,00

650180

93 **Anfangsbestände:**

Fuhrpark	30 000,00	Postbankguthaben	11 400,00
Geschäftsausstattung	27 000,00	Bankguthaben	7 600,00
Waren	62 000,00	Eigenkapital	116 000,00
Forderungen	19 000,00	Verbindlichkeiten	36 000,00
Kasse	200,00	Umsatzsteuer	5 200,00

Kontenplan: außer den o. a. Konten sind zu führen:
Eröffnungsbilanzkonto, Vorsteuer, Zinsaufwendungen, Wareneingang, Personalkosten, Steuern/Beiträge/Versicherungen, Energie, Allgemeine Verwaltungskosten, Abschreibungen, Warenverkauf, Gewinn und Verlust, Privatentnahmen, Privateinlagen, Schlußbilanzkonto.

Die folgenden Belegangaben sind zu buchen (allgemeiner Steuersatz):

Eingangsrechnungen:

1. Nr. 798 für Wareneinkäufe, Warenwert 12 500,00
   + Umsatzsteuer .... ? ?
2. Nr. 799 für Einkauf von Heizöl, netto 3 400,00
   + Umsatzsteuer .... ? ?
3. Nr. 800 für Geschäftsdrucksachen, netto 260,00
   + Umsatzsteuer .... ? ?
4. Nr. 801 für Wareneinkäufe, Warenwert 8 000,00
   + Umsatzsteuer .... ? ?

Ausgangsrechnungen:

5. Nr. 2117–2125 für Zielverkäufe von Waren, Warenwert 81 600,00
   + Umsatzsteuer .... ? ?

Bankbelege:

6. Überweisungen an Lieferer 19 400,00
7. Überweisung an die Stadtkasse, Gewerbesteuer 1 340,00
8. Überweisung für Haftpflichtversicherung, privat 430,00
   Haftpflichtversicherung, Betrieb 1 070,00
9. Bankabhebung 1 000,00
10. Bankbelastung für Zinsen 150,00
11. Überweisungen von Kunden 16 230,00
12. Bareinzahlung eines Kunden 480,00
13. Überweisung des Inhabers, Kapitaleinlage 25 000,00

Postbankbelege:

14. Überweisung der Umsatzsteuer an das Finanzamt 5 200,00
15. Überweisung der Kraftfahrzeugsteuer 800,00
16. Überweisung für Kraftfahrzeugversicherung 2 000,00
17. Überweisung der Gehälter 3 300,00
18. Überweisung von Kunden 3 100,00

Kassenbeleg:

19. Auslagen für Porto 140,00

Sonstige Buchungsanweisungen:

20. Abschreibung auf Fuhrpark 10 % v. d. AK 30 000,00
    auf Geschäftsausstattung $12\frac{1}{2}$ % v. d. AK 40 000,00
21. Warenbestand laut Inventur 27 500,00

94 **Anfangsbestände:**

Fuhrpark	32 000,00	Eigenkapital	84 400,00
Betriebsausstattung	15 000,00	Postbankschulden	300,00
Waren	59 000,00	Bankschulden	11 100,00
Forderungen	37 600,00	Verbindlichkeiten	48 000,00
Kasse	5 100,00	Umsatzsteuer	4 900,00

Folgende Belegangaben sind in den entsprechenden Konten zu buchen (15 % USt):

Eingangsrechnungen:

1. Nr. 543 für Zieleinkauf von Waren, Warenwert 14 500,00
   + Umsatzsteuer .... ?   ?
2. Nr. 544 für Miete der Telefonanlage, netto 260,00
   + Umsatzsteuer .... ?   ?
3. Nr. 545 für Treibstoffrechnung, netto 600,00
   + Umsatzsteuer .... ?   ?

Ausgangsrechnungen:

4. Nr. 1213–1227 für Zielverkäufe von Waren, Warenwert 51 900,00
   + Umsatzsteuer .... ?   ?

Bankbelege:

a) Lastschriften:

5. Abbuchungsverfahren Stromrechnung, netto 800,00
   + Umsatzsteuer .... ?   ?
6. Banküberweisung für IHK-Beitrag 310,00
7. Bankbelastung für Zinsen 320,00
   für Gebühren (Kosten des Geldverkehrs)............ 30,00   350,00
8. Überweisung der Löhne 2 900,00
9. Überweisung an Lieferer 3 800,00
10. Überweisung der Umsatzsteuer 4 900,00

b) Gutschriften:

11. Bareinzahlung aus der Geschäftskasse 4 500,00
12. Überweisungen von Kunden 22 100,00
13. Überweisung von Geschäftsfreund für Provision, netto 5 000,00
    + Umsatzsteuer .... ?   ?

Postbankbelege:

a) Lastschriften:

14. Abbuchungsverfahren Telefongebühren 560,00
15. Überweisung der Miete für Lagerhalle, netto 1 000,00
    + Umsatzsteuer .... ?   ?
16. Überweisung an Lieferer 18 100,00

b) Gutschrift:

17. Überweisung von Kunden 20 950,00

Kassenbeleg:

18. Barkauf, Reinigungsmittel für Geschäftsräume, netto . 40,00
    + Umsatzsteuer .... ?   ?

Sonstige Buchungsanweisungen:

19. Abschreibung auf Fuhrpark 25 %, auf Betriebsausstattung 20 % degressiv
20. Warenbestand laut Inventur 39 500,00

650182

21.3 Geschäftsgang nach Belegen

Beim Buchen nach Belegen ist zu berücksichtigen, daß bei einem Geschäftsvorfall mehrere Belege anfallen können. Es darf natürlich nur nach einem Beleg gebucht werden. Bei Zahlungen durch Bank oder Postbank bucht man in der Lebensmittelgroßhandlung Holle erst beim Eintreffen der Kontoauszüge und nicht beim Ausstellen von Schecks und Überweisungen.

---

95 Die **Lebensmittelgroßhandlung** Holle, 44137 Dortmund, hat bis zum 27. Juni 19 . . alle Geschäftsvorfälle anhand von Belegen in den folgenden Konten gebucht:

Fuhrpark	40 800,00	
Geschäftsausstattung	33 400,00	
Warenbestände	28 100,00	
Forderungen	185 300,00	91 600,00
Vorsteuer	8 300,00	
Kasse	21 700,00	19 500,00
Postbank	24 800,00	22 700,00
Bank	112 900,00	99 200,00
Eigenkapital		130 200,00
Verbindlichkeiten	82 400,00	187 500,00
Umsatzsteuer	800,00	8 200,00
Wareneingang	109 400,00	
Personalkosten	3 600,00	
Mieten	1 100,00	
Steuern	800,00	
Werbe- und Reisekosten	400,00	
Provisionen	500,00	
Kosten der Warenabgabe	300,00	
Instandhaltung	1 100,00	
Allg. Verwaltungskosten	900,00	
Kosten des Geldverkehrs	200,00	
Abschreibungen		
Warenverkauf		101 400,00
Privatentnahmen	3 500,00	
	660 300,00	660 300,00

Abschlußangaben:

Abschreibungen a. Fuhrpark	2 % v. d. Anschaffungskosten	60 000,00
Abschreibungen a. Geschäftsausstattung	1 % v. d. Anschaffungskosten	50 000,00
Warenbestand laut Inventur		54 550,00

Arbeitsanweisungen und Erläuterungen:

Buchen Sie die folgenden Belege in den Konten, und schließen Sie die Konten zum 30. Juni 19 . . ab.

Kunden der Firma Holle:	Paul Bender	59425 Unna
	Gustav Oberstadt	58119 Hagen
	und weitere Kunden	
Lieferer der Firma Holle:	Jaeger & Kranz KG	30161 Hannover
	Barsi GmbH	70378 Stuttgart
	und weitere Lieferer	

Beleg 1:

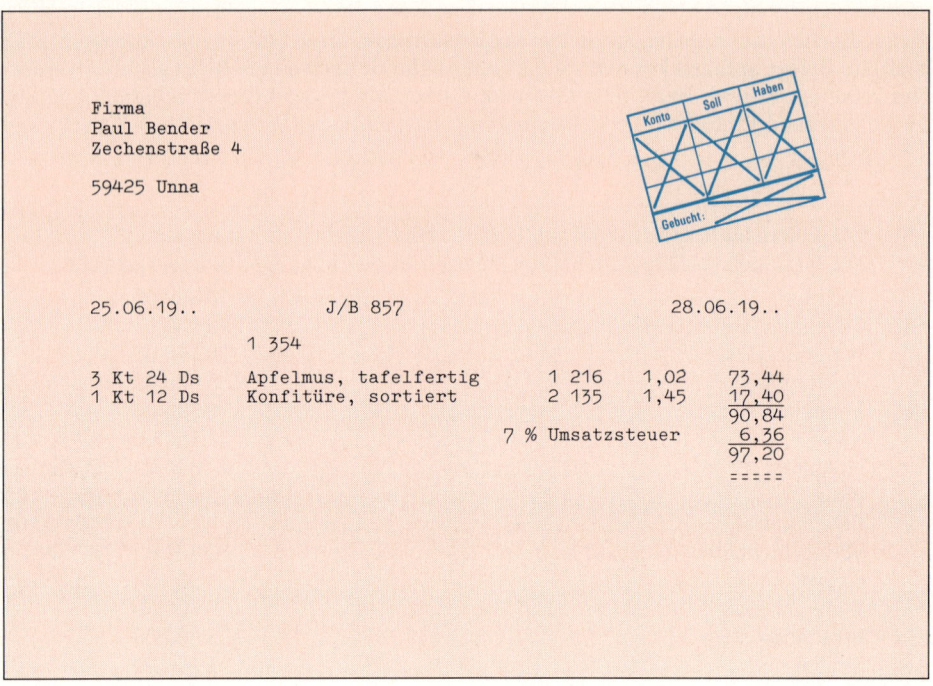

```
        Firma
        Paul Bender
        Zechenstraße 4

        59425 Unna




        25.06.19..          J/B 857                    28.06.19..

                       1 354

        3 Kt 24 Ds      Apfelmus, tafelfertig      1 216    1,02    73,44
        1 Kt 12 Ds      Konfitüre, sortiert        2 135    1,45    17,40
                                                                    90,84
                                          7 % Umsatzsteuer           6,36
                                                                    97,20
                                                                    =====
```

Beleg 2:

Gutschrift

450 500 01

Sparkasse Hagen

Empfänger: Name, Vorname/Firma (max. 27 Stellen)
Firma Gerhard Holle, Hansastraße 9, 44137 Dortmund

Konto-Nr. des Empfängers
3 062 804

Bankleitzahl
440 700 50

bei (Kreditinstitut)
Deutsche Bank, Dortmund

Betrag: DM, Pf
- - - - - - - - - - - -279, 30

Verwendungszweck – z. B. Kunden-Referenznummer – (nur für Empfänger) max. 2 Zeilen à 27 Stellen
Rechnung vom 20.06.19..

noch Verwendungszweck

Auftraggeber/Einzahler: Name (max. 27 Stellen)
Gustav Oberstadt, 58135 Hagen

Schreibmaschine: normale Schreibweise !
Handschrift: Blockschrift in GROSSBUCHSTABEN und dabei Kästchen beachten !

| Mehrzweckfeld | X | Konto-Nr. | X | Betrag | X | Bankleitzahl | X | Text |

Bitte dieses Feld nicht beschriften und nicht bestempeln

650184

Beleg 3:

Deutsche Bank

Konto-Nr.	Kontoinhaber			
3 062 804	Gerhard Holle, Hansastr. 9, 44137 Dortmund			
Scheck-Nr.	Bezogenes Institut, Bankleitzahl	Name des Scheckausstellers, Konto-Nr.		DM
318 251	Deutsche Bank, Unna	Paul Bender		324,00

Gerhard Holle   28. Juni 19..

Anzahl:	Wert:		DM
			324,00

Durchschrift – verbleibt beim Auftraggeber
Die Gutschrift des Gegenwertes erfolgt E. v.

Beleg 4:

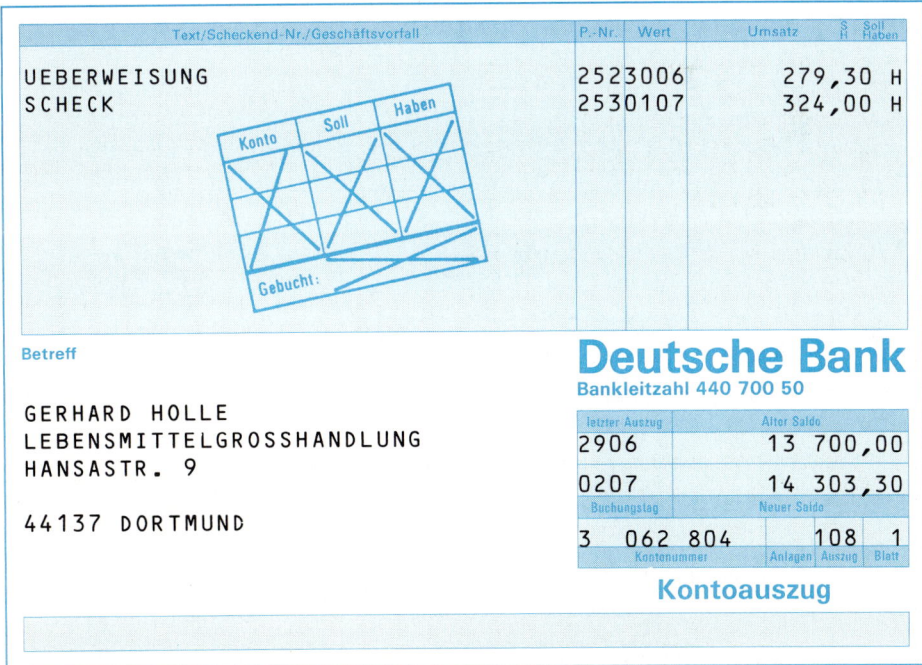

Text/Scheckend-Nr./Geschäftsvorfall	P.-Nr.	Wert	Umsatz	S/H Soll/Haben
UEBERWEISUNG	2523006		279,30	H
SCHECK	2530107		324,00	H

Betreff

Deutsche Bank
Bankleitzahl 440 700 50

GERHARD HOLLE
LEBENSMITTELGROSSHANDLUNG
HANSASTR. 9

44137 DORTMUND

letzter Auszug	Alter Saldo
2906	13 700,00
0207	14 303,30
Buchungstag	Neuer Saldo
3 062 804	108 1
Kontonummer	Anlagen / Auszug / Blatt

Kontoauszug

Beleg 5:

Quittung

DM `--------------272` Pf `00`

Deutsche Mark in Worten

`zweihundertzweiundsiebzig-----------------------------------`

von Firma Gerhard Holle

für Reisespesen lt. Anlagen

darin enthaltene Umsatzsteuer   19,80 DM

richtig erhalten zu haben, bescheinigt:

44137 Dortmund _____ , den 28.06.19..

J. Holle

Beleg 6

Josef Jaeger & Kranz KG · ZUCKERWARENFABRIK

Josef Jaeger & Kranz KG · Postfach 87 21 18 · 3000 Hannover

Firma
Gerhard Holle
Hansastraße 9

44137 Dortmund

Eingangsstempel
28.06.19..

Ihre Bestellung vom, Ihre Zeichen	Liefertag	Hannover
	25.06.19..	26. Juni 19..

Rechnung
Nr. 2 576

Wir sandten für Ihre Rechnung und auf Ihre Gefahr

Artikel-Nr.	Stück kg Menge	Inhalt je Karton	Artikel	je	Einzelhdl.	Großhdl.	Gesamtpreis
011	12	1000 St	Jakra 10 Pfennig-Viererlei	Kt	14,00	11,20	134,40
027	36	4 kg	Jakra Eucalyptus-Menthol	kg	3,50	2,80	403,20
							537,60
			7 % Umsatzsteuer				37,63
							575,23

Telefon (05 11) 24 18	Postbank Hannover 1142 27-305 (BLZ 250 100 30)	Deutsche Bank Hannover 6 437 781 (BLZ 250 700 70)

Beleg 7:

Überweisungsauftrag an 440 100 **46**

Postbank Dortmund

28.06.19..   *Holle*

Datum   Unterschrift für nachstehenden Auftrag
Durchschrift für den Auftraggeber

Empfänger:
Barsi GmbH, Oeffinger Straße 147, 70378 Stuttgart

Konto-Nr. des Empfängers	Auftr.-Nr.	Bankleitzahl
71-934		600 100 70

bei
Postbank Stuttgart

Betrag: DM   Pf
`-------------954,` `00`

Verwendungszweck, z. B. Kunden-Referenznummer (nur für Empfänger)
Rechnung vom 18.05.19..

Auftraggeber: Name, Vorname/Firma, Ort
Gerhard Holle, Hansastraße 9, 44137 Dortmund

Konto-Nr. des Auftraggebers	A	B	C
81 85-462			

Überweisungsauftrag an 440 100 46

Postbank Dortmund

Holle

28.06.19..

Datum — Unterschrift für nachstehenden Auftrag
Durchschrift für den Auftraggeber

Empfänger:

Jäger & Kranz, Welfenstraße 37, 30161 Hannover

Konto-Nr. des Empfängers	Auftr.-Nr.	Bankleitzahl
56-677		200 100 20

bei

Postbank Hamburg

Betrag:	DM	Pf
------------688,		00

Verwendungszweck, z. B. Kunden-Referenznummer (nur für Empfänger)

Rechnung 43 217 vom 15.05.19..

Auftraggeber: Name, Vorname/Firma, Ort
Gerhard Holle, Hansastraße 9, 44137 Dortmund

Konto-Nr. des Auftraggebers	A	B	C
81 85-462			

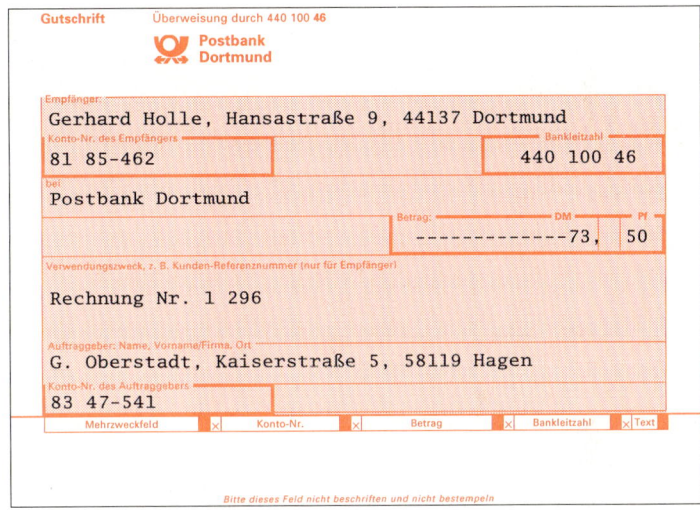

Gutschrift Überweisung durch 440 100 46

Postbank Dortmund

Empfänger:

Gerhard Holle, Hansastraße 9, 44137 Dortmund

Konto-Nr. des Empfängers	Bankleitzahl
81 85-462	440 100 46

bei

Postbank Dortmund

Betrag:	DM	Pf
-------------73,		50

Verwendungszweck, z. B. Kunden-Referenznummer (nur für Empfänger)

Rechnung Nr. 1 296

Auftraggeber: Name, Vorname/Firma, Ort
G. Oberstadt, Kaiserstraße 5, 58119 Hagen

Konto-Nr. des Auftraggebers
83 47-541

Mehrzweckfeld	x	Konto-Nr.	x	Betrag	x	Bankleitzahl	x	Text

Bitte dieses Feld nicht beschriften und nicht bestempeln

Postbank Dortmund
Bankleitzahl 440 100 46

Kontoauszug
Bitte beachten Sie die Hinweise auf der Rückseite

Girokonto-Nr.	Auszug-Nr.	Alter Kontostand	DM	Pf
81 85-462	91	vom 26.06...	2 100,	00

Art	Buchungshinweise	Umsatz
UE		954,00-
UE		688,00-
		73,50

Konto Soll Haben

Gebucht:

Buchungstag	Neuer Kontostand
29.06...	531,50

87

Beleg 11:

Quittung DM ———————————600 **Pf** 00

Deutsche Mark in Worten

sechshundert—————————————————————

von   Firma Gerhard Holle

für   Privatentnahme

Konto	Soll	Haben

Gebucht:

richtig erhalten zu haben, bescheinigt:

44137 Dortmund   , den   29. Juni 19..

G. Holle

Beleg 12:

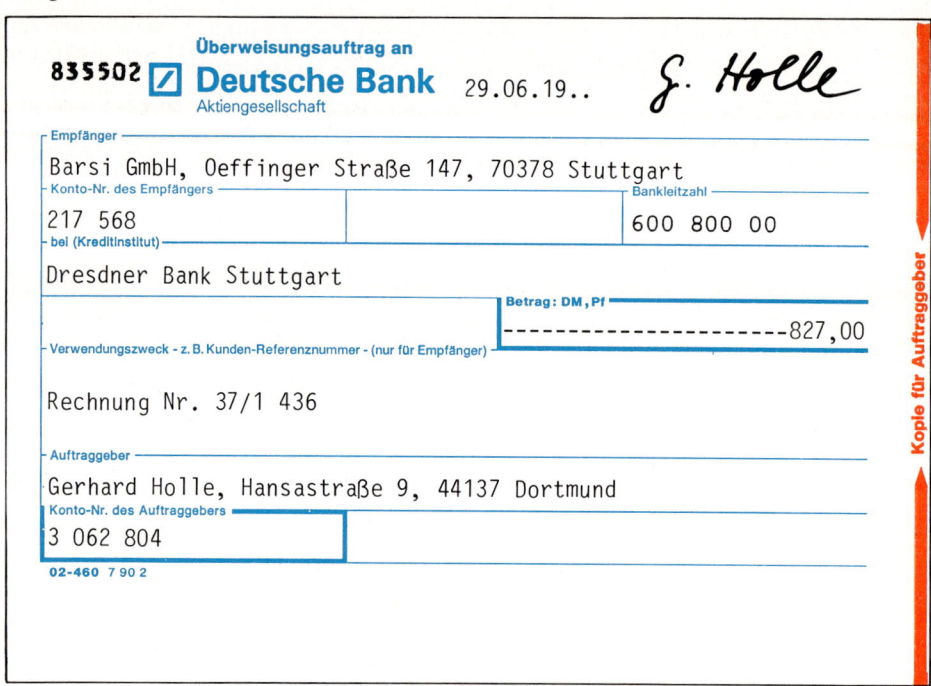

Überweisungsauftrag an
835502 **Deutsche Bank**   29.06.19..   *G. Holle*
Aktiengesellschaft

Empfänger
Barsi GmbH, Oeffinger Straße 147, 70378 Stuttgart

Konto-Nr. des Empfängers   Bankleitzahl
217 568   600 800 00

bei (Kreditinstitut)
Dresdner Bank Stuttgart

Betrag: DM, Pf
———————————————827,00

Verwendungszweck - z. B. Kunden-Referenznummer - (nur für Empfänger)

Rechnung Nr. 37/1 436

Auftraggeber
Gerhard Holle, Hansastraße 9, 44137 Dortmund

Konto-Nr. des Auftraggebers
3 062 804

02-460 7 90 2

Kopie für Auftraggeber

88

651488

Beleg 13:

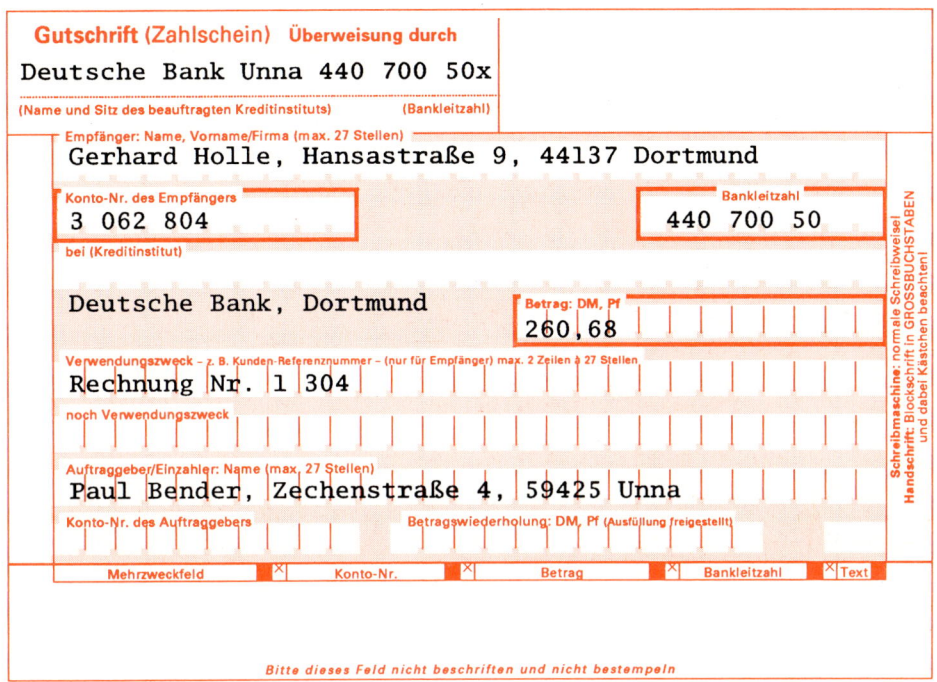

Gutschrift (Zahlschein)   **Überweisung durch**

Deutsche Bank Unna 440 700 50x

(Name und Sitz des beauftragten Kreditinstituts)   (Bankleitzahl)

Empfänger: Name, Vorname/Firma (max. 27 Stellen)

Gerhard Holle, Hansastraße 9, 44137 Dortmund

Konto-Nr. des Empfängers

3 062 804

Bankleitzahl

440 700 50

bei (Kreditinstitut)

Deutsche Bank, Dortmund

Betrag: DM, Pf

260,68

Verwendungszweck – z. B. Kunden-Referenznummer – (nur für Empfänger) max. 2 Zeilen à 27 Stellen

Rechnung Nr. 1 304

noch Verwendungszweck

Auftraggeber/Einzahler: Name (max. 27 Stellen)

Paul Bender, Zechenstraße 4, 59425 Unna

Konto-Nr. des Auftraggebers

Betragswiederholung: DM, Pf (Ausfüllung freigestellt)

Schreibmaschine: normale Schreibweise!
Handschrift: Blockschrift in GROSSBUCHSTABEN
und dabei Kästchen beachten!

Mehrzweckfeld   Konto-Nr.   Betrag   Bankleitzahl   Text

Bitte dieses Feld nicht beschriften und nicht bestempeln

Beleg 14:

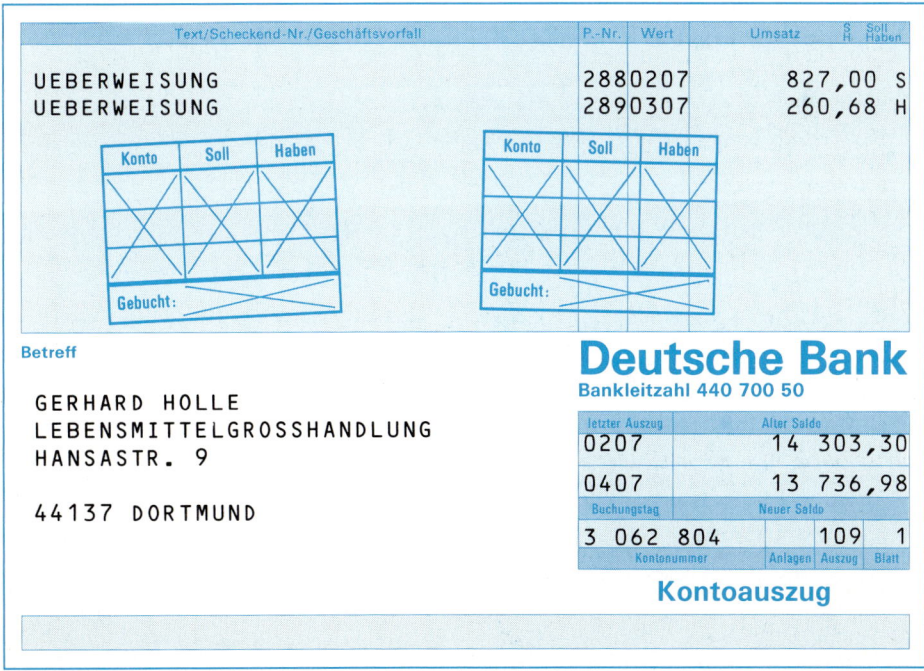

Text/Scheckend-Nr./Geschäftsvorfall	P.-Nr.	Wert	Umsatz	S H.	Soll Haben
UEBERWEISUNG		2880207	827,00	S	
UEBERWEISUNG		2890307	260,68	H	

Konto	Soll	Haben
Gebucht:		

Konto	Soll	Haben
Gebucht:		

Betreff

GERHARD HOLLE
LEBENSMITTELGROSSHANDLUNG
HANSASTR. 9

44137 DORTMUND

Deutsche Bank
Bankleitzahl 440 700 50

Jetzter Auszug	Alter Salde
0207	14 303,30
0407	13 736,98

Buchungstag	Neuer Salde
3 062 804	109 1

| Kontonummer | Anlagen | Auszug | Blatt |

Kontoauszug

Beleg 15:

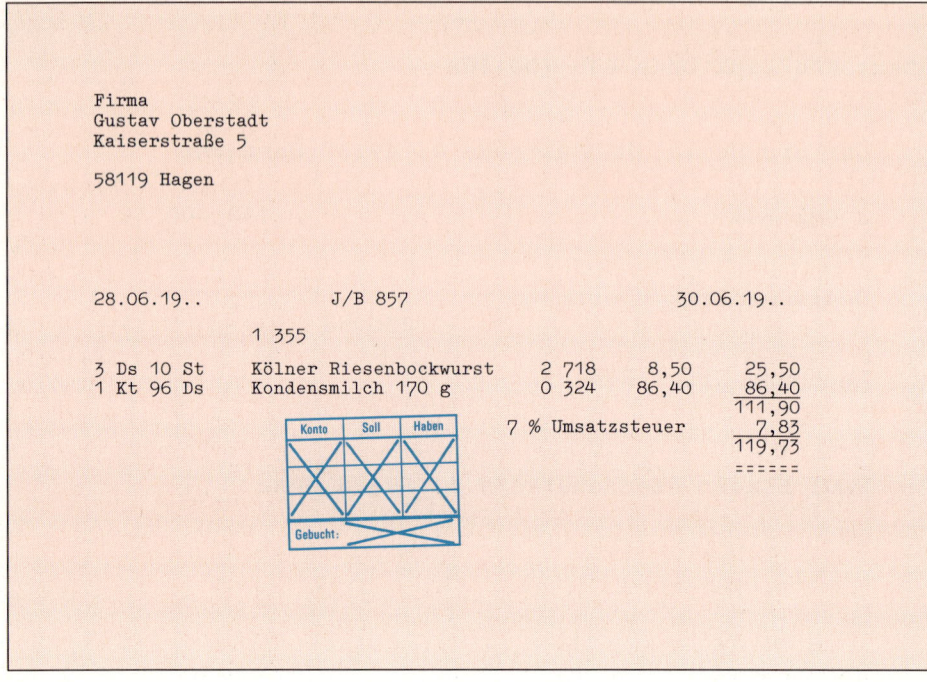

```
Firma
Gustav Oberstadt
Kaiserstraße 5

58119 Hagen




28.06.19..            J/B 857                    30.06.19..

                1 355

3 Ds 10 St   Kölner Riesenbockwurst   2 718     8,50      25,50
1 Kt 96 Ds   Kondensmilch 170 g       0 324    86,40      86,40
                                                         111,90
                                      7 % Umsatzsteuer     7,83
                                                         119,73
                                                         ======
```

Beleg 16:

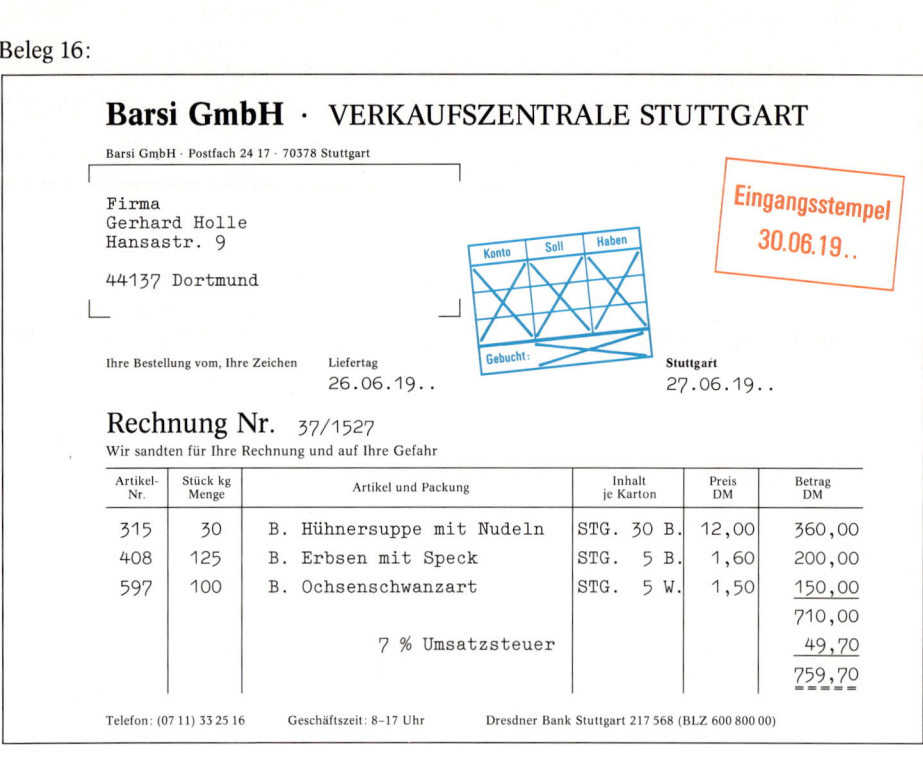

Barsi GmbH · VERKAUFSZENTRALE STUTTGART

Barsi GmbH · Postfach 24 17 · 70378 Stuttgart

```
Firma
Gerhard Holle
Hansastr. 9

44137 Dortmund
```

Eingangsstempel
30.06.19..

| Ihre Bestellung vom, Ihre Zeichen | Liefertag 26.06.19.. | | Stuttgart 27.06.19.. |

Rechnung Nr. 37/1527

Wir sandten für Ihre Rechnung und auf Ihre Gefahr

Artikel-Nr.	Stück kg Menge	Artikel und Packung	Inhalt je Karton	Preis DM	Betrag DM
315	30	B. Hühnersuppe mit Nudeln	STG. 30 B.	12,00	360,00
408	125	B. Erbsen mit Speck	STG. 5 B.	1,60	200,00
597	100	B. Ochsenschwanzart	STG. 5 W.	1,50	150,00
					710,00
		7 % Umsatzsteuer			49,70
					759,70

Telefon: (07 11) 33 25 16   Geschäftszeit: 8–17 Uhr   Dresdner Bank Stuttgart 217 568 (BLZ 600 800 00)

651490

96 Die **Elektrogroßhandlung** Richard Weber, 90478 Nürnberg, hat die Geschäftsvorfälle bis zum 28. Dezember anhand von Belegen gebucht. Die Konten enthalten bis
dahin die folgenden Umsätze:

Fuhrpark	45 200,00	3 300,00
Geschäftsausstattung	35 400,00	1 400,00
Warenbestände	190 000,00	
Forderungen	2 997 400,00	2 574 900,00
Vorsteuer	310 300,00	292 500,00
Kasse	113 600,00	109 300,00
Postbank	216 200,00	214 400,00
Deutsche Bank	2 130 400,00	2 169 600,00
Stadtsparkasse	492 800,00	419 700,00
Eigenkapital		388 100,00
Verbindlichkeiten	2 025 600,00	2 370 500,00
Umsatzsteuer	335 100,00	366 700,00
Wareneingang	1 970 400,00	
Personalkosten	291 800,00	
Mieten	60 700,00	
Steuern	20 300,00	
Energie, Betriebsstoffe	8 200,00	
Werbe- und Reisekosten	12 900,00	
Provisionen	14 200,00	
Kosten der Warenabgabe	1 700,00	
Instandhaltung	2 000,00	
Allg. Verwaltungskosten	9 100,00	
Kosten des Geldverkehrs	100,00	
Abschreibungen	14 800,00	
Warenverkauf		2 418 900,00
Privatentnahmen	31 100,00	
	11 329 300,00	11 329 300,00

Abschlußangaben:

Abschreibungen auf Fuhrpark 20 % v. d. Anschaffungskosten 50 000,00
Abschreibungen auf Geschäftsausstattung 15 % v. d. Anschaffungskosten 42 000,00
Warenbestand laut Inventur 268 900,00

Arbeitsanweisungen und Erläuterungen:

Buchen Sie die vom 29.–31. Dezember angefallenen Belege und schließen Sie die
Konten zum 31. Dezember 19 . . ab.

Kunden der Firma Weber:	Fritz Baecker,	91154 Roth
	Franz Rübner,	90429 Nürnberg
	Karl Weiß,	91413 Neustadt/Aisch
	und weitere Kunden	

Lieferer der Firma Weber:	Fränkische Radiowerke	90765 Fürth
	Neumann GmbH	70941 Stuttgart
	MEWAFA Metallwarenfabrik	63071 Offenbach
	und weitere Lieferer	

Beleg 1:

Buchungsbeleg

Lastschrift für Konto Privat	Gutschrift für Konto Kasse
400,00 DM	400,00 DM

Buchungstext:

Meine Barentnahme

Datum:	Angewiesen durch:	Gebucht:
29.12.19..	*Richard Weber*	

Beleg 2:

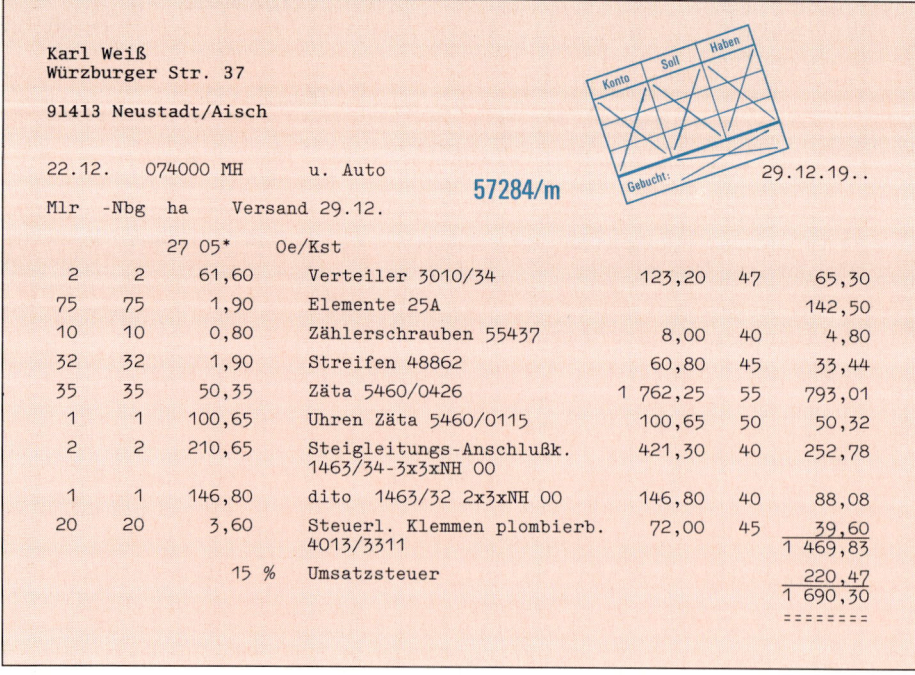

```
Karl Weiß
Würzburger Str. 37

91413 Neustadt/Aisch

22.12.   074000 MH      u. Auto                 57284/m              29.12.19..
Mlr -Nbg  ha      Versand 29.12.

             27 05*   Oe/Kst
  2    2     61,60    Verteiler 3010/34            123,20   47      65,30
 75   75      1,90    Elemente 25A                                 142,50
 10   10      0,80    Zählerschrauben 55437          8,00   40       4,80
 32   32      1,90    Streifen 48862                60,80   45      33,44
 35   35     50,35    Zäta 5460/0426             1 762,25   55     793,01
  1    1    100,65    Uhren Zäta 5460/0115         100,65   50      50,32
  2    2    210,65    Steigleitungs-Anschlußk.     421,30   40     252,78
                      1463/34-3x3xNH 00
  1    1    146,80    dito  1463/32 2x3xNH 00      146,80   40      88,08
 20   20      3,60    Steuerl. Klemmen plombierb.   72,00   45      39,60
                      4013/3311                                  1 469,83
             15 %     Umsatzsteuer                                 220,47
                                                                1 690,30
                                                                ========
```

650192

Beleg 3:

Text/Scheckend-Nr./Geschäftsvorfall	P.-Nr.	Wert	Umsatz	S/H Soll Haben
SCHECK END-NR. 0451	9002812		8 880,00	S
BAR	9002812		600,00	S

Deutsche Bank
Nürnberg, BLZ 760 700 12

RICHARD WEBER
BAYERNSTRAßE 42

90478 NUERNBERG

letzter Auszug	Alter Saldo	
26.12.	39 200,00	S
28.12.	48 680,00	S
Buchungstag	Neuer Saldo	
17 156	1 226	1
Kontonummer	Anlagen	Auszug	Blatt

Kontoauszug

Beleg 4:

Scheck-Nr.	Datum	Betrag DM	Pf	ausgegeben an	Bemerkungen
451	28.12.	8.880,	00	Südd. Kabelwerke, Nbg.	
452	28.12.	600,	00	mich selbst (Privat)	

17156

Beleg 5:

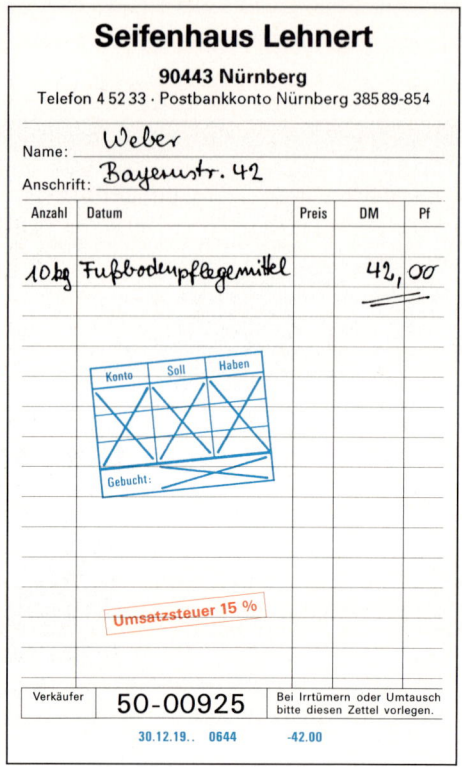

Seifenhaus Lehnert

90443 Nürnberg

Telefon 4 52 33 · Postbankkonto Nürnberg 385 89-854

Name: *Weber*

Anschrift: *Bayernstr. 42*

Anzahl	Datum	Preis	DM	Pf
10 kg	*Fußbodenpflegemittel*		*42,00*	

Konto | Soll | Haben

Gebucht:

Umsatzsteuer 15 %

| Verkäufer | 50-00925 | Bei Irrtümern oder Umtausch bitte diesen Zettel vorlegen. |

30.12.19..   0644   -42.00

Beleg 6:

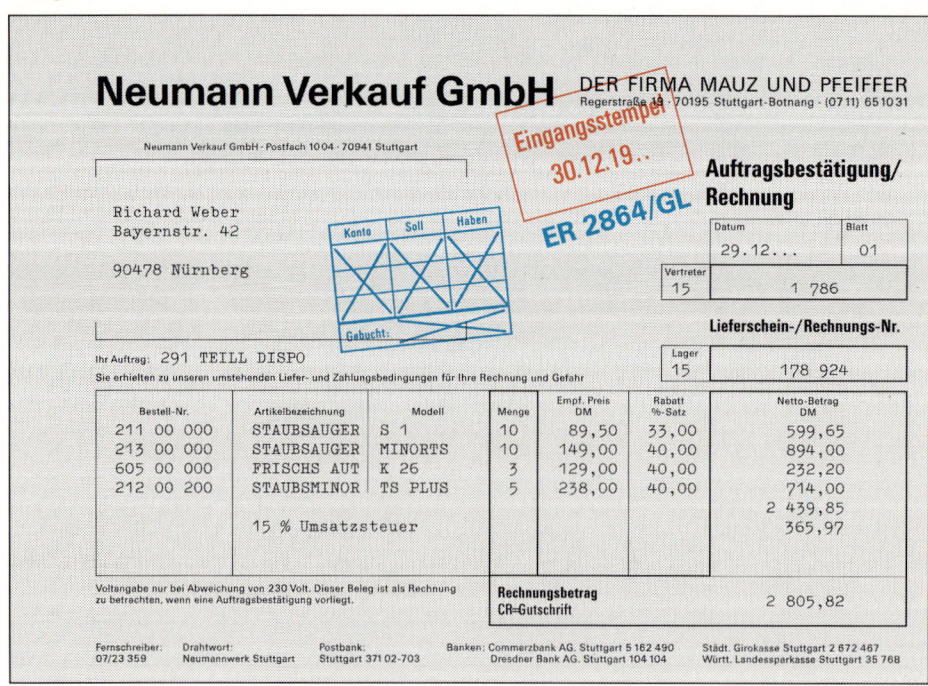

Neumann Verkauf GmbH

DER FIRMA MAUZ UND PFEIFFER
Regerstraße 19 · 70195 Stuttgart-Botnang · (07 11) 65 10 31

Neumann Verkauf GmbH · Postfach 10 04 · 70941 Stuttgart

Richard Weber
Bayernstr. 42

90478 Nürnberg

Eingangsstempel
30.12.19..
ER 2864/GL

Konto | Soll | Haben

Gebucht:

Auftragsbestätigung/ Rechnung

Datum	Blatt
29.12...	01

Vertreter	
15	1 786

Ihr Auftrag: 291 TEILL DISPO

Sie erhielten zu unseren umstehenden Liefer- und Zahlungsbedingungen für Ihre Rechnung und Gefahr

Lieferschein-/Rechnungs-Nr.

Lager	
15	178 924

Bestell-Nr.	Artikelbezeichnung	Modell	Menge	Empf. Preis DM	Rabatt %-Satz	Netto-Betrag DM
211 00 000	STAUBSAUGER	S 1	10	89,50	33,00	599,65
213 00 000	STAUBSAUGER	MINORTS	10	149,00	40,00	894,00
605 00 000	FRISCHS AUT	K 26	3	129,00	40,00	232,20
212 00 200	STAUBSMINOR	TS PLUS	5	238,00	40,00	714,00
						2 439,85
	15 % Umsatzsteuer					365,97

Voltangabe nur bei Abweichung von 230 Volt. Dieser Beleg ist als Rechnung zu betrachten, wenn eine Auftragsbestätigung vorliegt.

Rechnungsbetrag CR=Gutschrift

2 805,82

| Fernschreiber: 07/23 359 | Drahtwort: Neumannwerk Stuttgart | Postbank: Stuttgart 371 02-703 | Banken: Commerzbank AG. Stuttgart 5 162 490 Dresdner Bank AG. Stuttgart 104 104 | Städt. Girokasse Stuttgart 2 672 467 Württ. Landessparkasse Stuttgart 35 76B |

650194

Beleg 7:

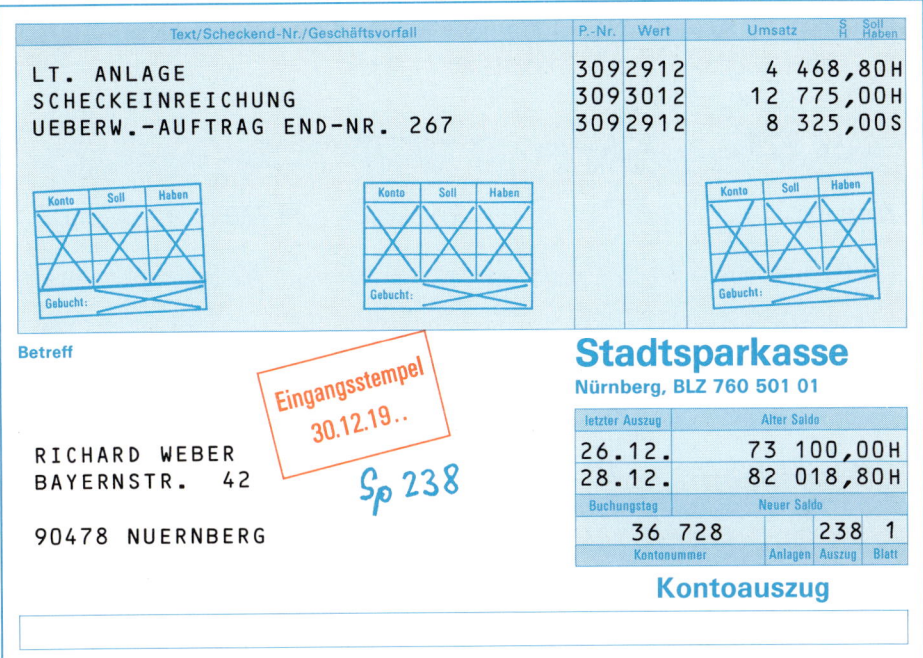

Text/Scheckend-Nr./Geschäftsvorfall	P.-Nr.	Wert	Umsatz	S H	Soll Haben
LT. ANLAGE	3092912		4 468,80	H	
SCHECKEINREICHUNG	3093012		12 775,00	H	
UEBERW.-AUFTRAG END-NR. 267	3092912		8 325,00	S	

Betreff

Eingangsstempel 30.12.19..

Sp 238

RICHARD WEBER
BAYERNSTR. 42

90478 NUERNBERG

Stadtsparkasse
Nürnberg, BLZ 760 501 01

letzter Auszug		Alter Saldo
26.12.		73 100,00 H
28.12.		82 018,80 H
Buchungstag		Neuer Saldo
36 728		238 1
Kontonummer	Anlagen Auszug	Blatt

Kontoauszug

Beleg 8:

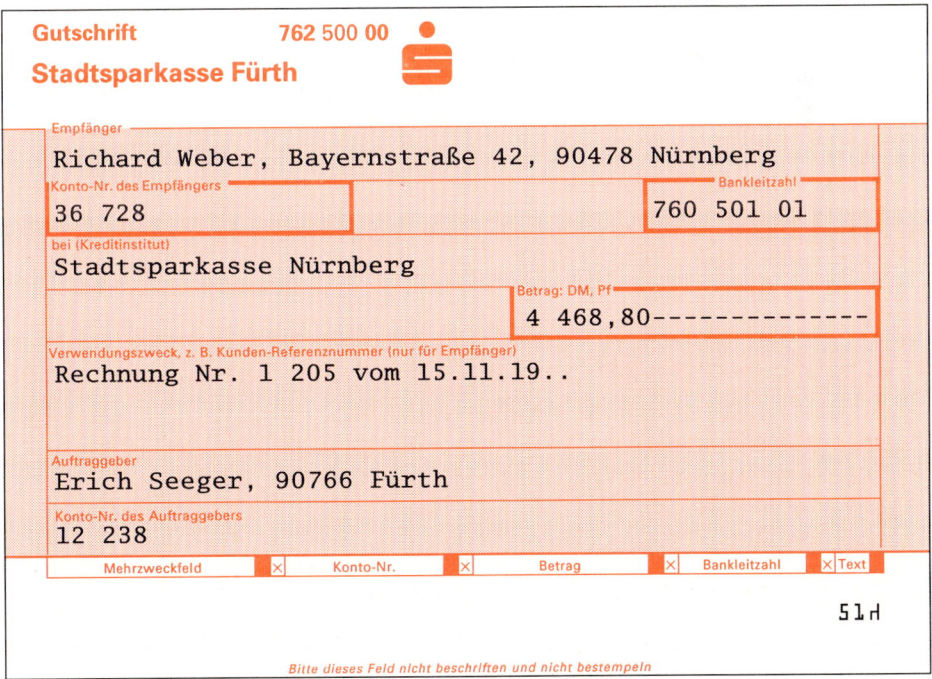

Gutschrift   762 500 00

Stadtsparkasse Fürth

Empfänger
Richard Weber, Bayernstraße 42, 90478 Nürnberg

Konto-Nr. des Empfängers   Bankleitzahl
36 728   760 501 01

bei (Kreditinstitut)
Stadtsparkasse Nürnberg

Betrag: DM, Pf
4 468,80--------------

Verwendungszweck, z. B. Kunden-Referenznummer (nur für Empfänger)
Rechnung Nr. 1 205 vom 15.11.19..

Auftraggeber
Erich Seeger, 90766 Fürth

Konto-Nr. des Auftraggebers
12 238

Mehrzweckfeld	x	Konto-Nr.	x	Betrag	x	Bankleitzahl	x Text

51d

Bitte dieses Feld nicht beschriften und nicht bestempeln

Beleg 9:

Stadtsparkasse Nürnberg

Durchschrift
über die Einlieferung von Schecks

760 501 01

Konto-Nr.	Kontoinhaber		
36 728	R. Weber, 90478 Nürnberg		

Scheck-Nr.	Bezogenes Institut, Bankleitzahl	Name des Scheckausstellers, Konto-Nr.	DM
010 160		Rübner 19 720	12 775,00

Richard Weber   29. Dez. 19..

Anzahl:	Wert:	DM
		12 775,00

Durchschrift – verbleibt beim Auftraggeber
Die Gutschrift des Gegenwertes erfolgt E. v.

Beleg 10:

Durchschrift für den Auftraggeber

29.12.19..   *Richard Weber*
Datum   Unterschrift für nachstehenden Auftrag

Empfänger
Fränkische Radiowerke, Erlanger Str. 48, 90765 Fürth

Konto-Nr. des Empfängers		Bankleitzahl
17 653		760 800 40

bei (Kreditinstitut)
Dresdner Bank AG, Fürth

Betrag: DM, Pf
8 325,00---------------

Verwendungszweck (nur für Empfänger)
Rechnung Nr. 6 948 vom 12.11.19..

Auftraggeber
Richard Weber, Bayernstr. 42, 90478 Nürnberg

Konto-Nr. des Auftraggebers
36 728

0100360411A

650196

Beleg 11:

Quittung

DM -------------1 725 **Pf** 00

Deutsche Mark in Worten

eintausendsiebenhundertfünfundzwanzig--------------------

von Richard Weber, Nürnberg

für Provision bar (1 500,00 + 225,00 DM Umsatzsteuer)

Konto Soll Haben

Gebucht:

K 245

richtig erhalten zu haben, bescheinigt:

90478 Nürnberg , den 30. Dezember 19..

Eugen Kroll

Beleg 12:

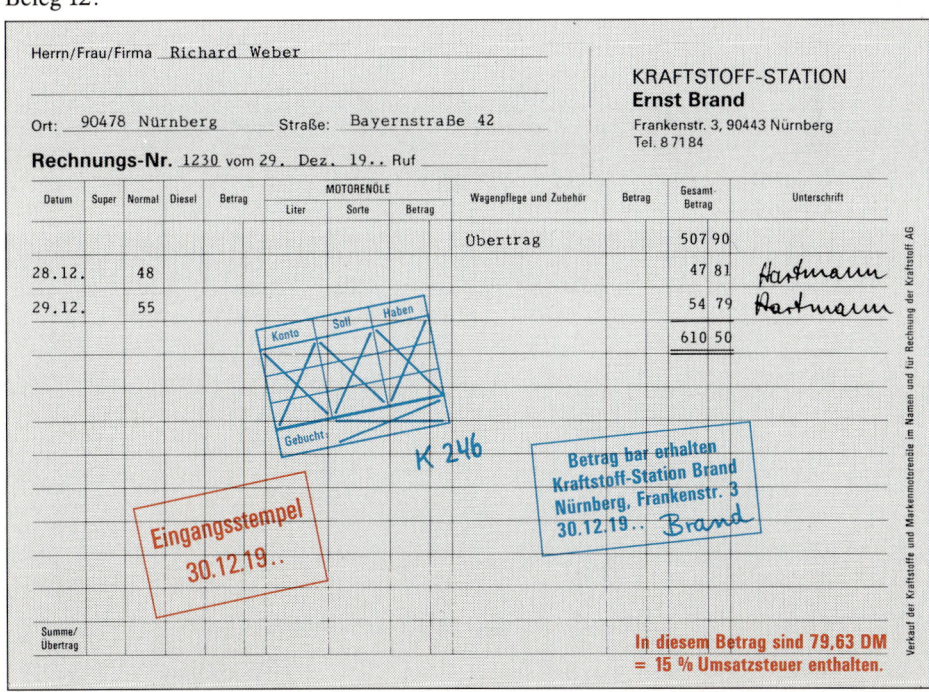

Herrn/Frau/Firma Richard Weber

KRAFTSTOFF-STATION
Ernst Brand
Frankenstr. 3, 90443 Nürnberg
Tel. 8 71 84

Ort: 90478 Nürnberg Straße: Bayernstraße 42

Rechnungs-Nr. 1230 vom 29. Dez. 19.. Ruf

| Datum | Super | Normal | Diesel | Betrag | MOTORENÖLE | | | Wagenpflege und Zubehör | Betrag | Gesamt-Betrag | Unterschrift |
					Liter	Sorte	Betrag				
								Übertrag		507 90	
28.12.		48								47 81	*Hartmann*
29.12.		55								54 79	*Hartmann*
										610 50	

Konto Soll Haben

Gebucht:

K 246

Betrag bar erhalten
Kraftstoff-Station Brand
Nürnberg, Frankenstr. 3
30.12.19.. *Brand*

Eingangsstempel
30.12.19..

Verkauf der Kraftstoffe und Markenmotorenöle im Namen und für Rechnung der Kraftstoff AG

In diesem Betrag sind 79,63 DM = 15 % Umsatzsteuer enthalten.

Beleg 13:

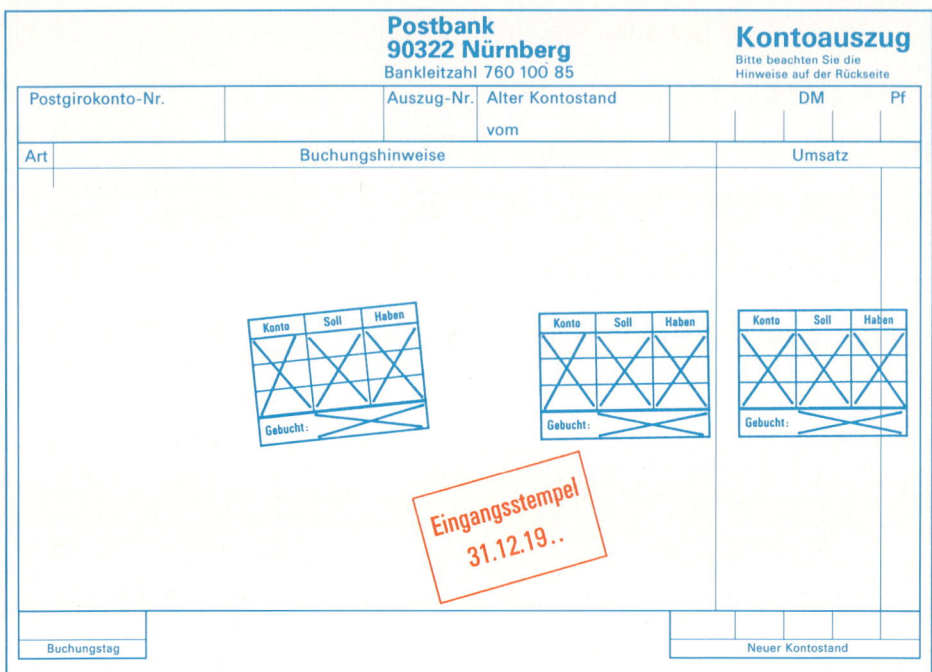

Beleg 14:

Nummer	Datum	DM	Ausgegeben an
3161	28.12.	1200,00	Barabhebung f. Geschäftskasse

Die Schecks bitte nur in der Hülle ausfüllen und nicht falten.

Postbankkonto 2852 19-852

650198

Beleg 15:

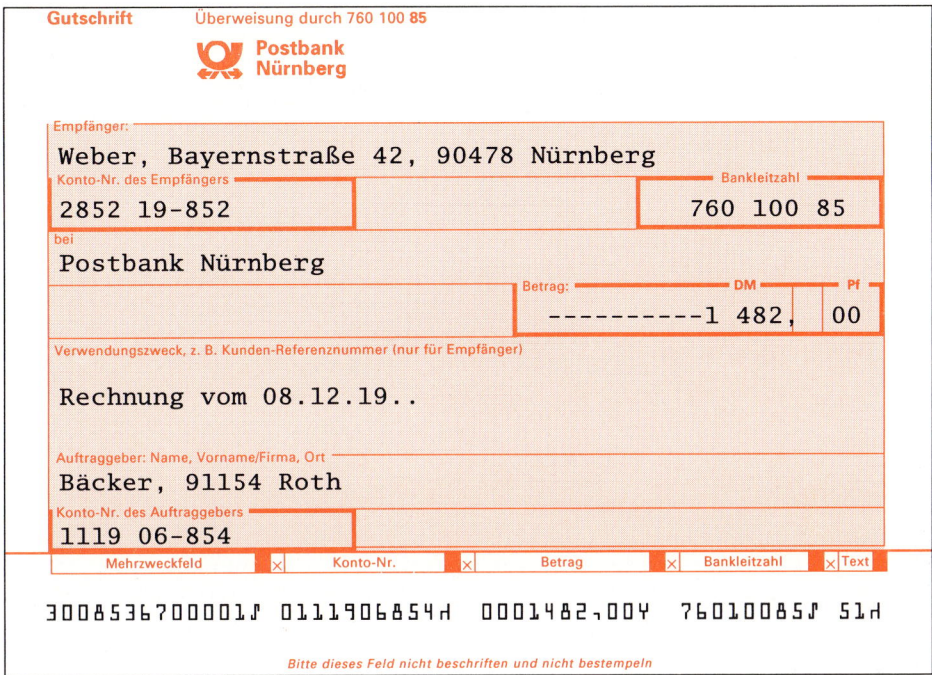

Gutschrift   Überweisung durch 760 100 **85**

Postbank Nürnberg

Empfänger:

Weber, Bayernstraße 42, 90478 Nürnberg

Konto-Nr. des Empfängers   Bankleitzahl

2852 19-852   **760 100 85**

bei

Postbank Nürnberg

Betrag: DM   Pf

----------1 482, 00

Verwendungszweck, z. B. Kunden-Referenznummer (nur für Empfänger)

Rechnung vom 08.12.19..

Auftraggeber: Name, Vorname/Firma, Ort

Bäcker, 91154 Roth

Konto-Nr. des Auftraggebers

1119 06-854

| Mehrzweckfeld | x | Konto-Nr. | x | Betrag | x | Bankleitzahl | x Text |

⑃008536700001⌡ 0111906854⑁ 0001482,00Ɐ 76010085⌡ 51⑁

Bitte dieses Feld nicht beschriften und nicht bestempeln

Beleg 16:

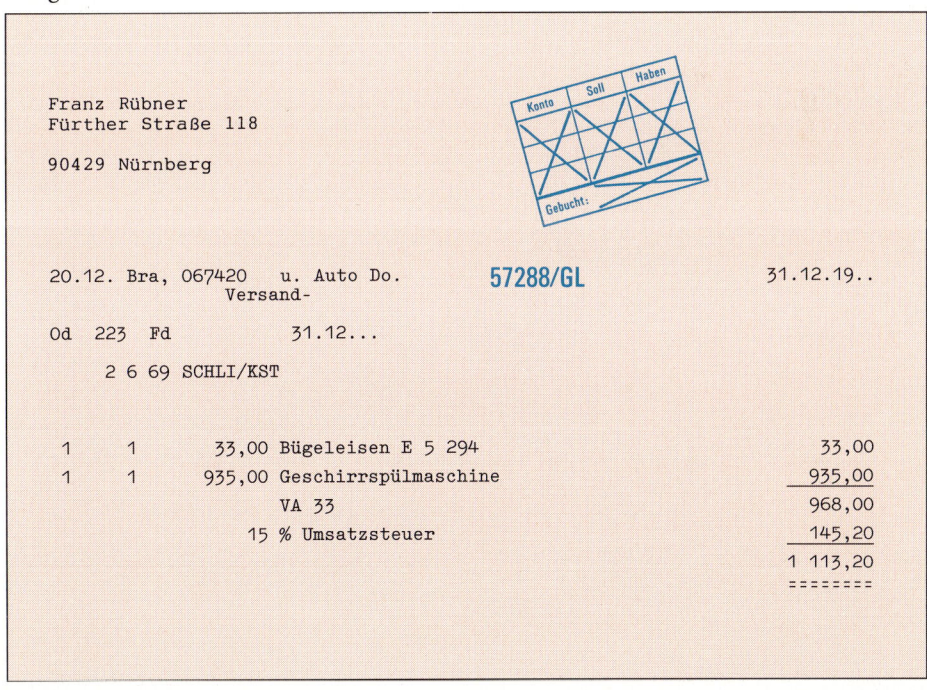

```
Franz Rübner
Fürther Straße 118

90429 Nürnberg


20.12. Bra, 067420   u. Auto Do.      57288/GL              31.12.19..
            Versand-

Od  223  Fd            31.12...

     2 6 69 SCHLI/KST


  1    1     33,00 Bügeleisen E 5 294                          33,00
  1    1    935,00 Geschirrspülmaschine                       935,00
                   VA 33                                      968,00
                   15 % Umsatzsteuer                          145,20
                                                            1 113,20
                                                            ========
```

Beleg 17:

MEWAFA Metallwarenfabrik GmbH Offenbach am Main

MEWAFA Metallwarenfabrik GmbH, Postfach 2425, 63071 Offenbach/Main

Firma
Richard Weber
Bayernstraße 42

90478 Nürnberg

Rechnung

Kunden-Nr.	Rechnungs-Nr.	Multipl.
6 853.00	060/15 774	62,00

Bitte bei Zahlung angeben!

Versandanschrift:

Vertreter	Unsere Auftrags-Nr.	Ihre Best. vom	Ihre Auftrags-Nr.	Versandart		Rechn.- u. Versanddatum
209	8349	28.12...	12033	FRACHT	FREI	30.12...

Menge	Artikel-Nr.	Artikelbezeichnung	Einzelpreis	Bruttobetrag	Netto
15	LA02	LEICHTBÜGELAUTOMAT	57,00	855,00	530,10
30	LA50	LEICHTBÜGELAUTOMAT	47,60	1 428,00	885,36
15	KG0_	FRITEUSE	84,00	1 260,00	781,20
25	EK04.1	TROCKENHAUBE M. BODENST	64,50	1 612,50	999,75
8	EK50	HAARSCHNEIDEMASCHINE	39,50	316,00	195,92
2	EK51	HAARSCHNEIDEMASCH. SET	59,50	119,00	73,78
5	EK80	HAAR CURLER	54,50	272,50	168,95
10	EK8_	HAAR CURLER	87,00	870,00	539,40
5	EK82	HAAR CURLER	94,00	470,00	291,40
10	6550	TOASTAUTOMAT	52,00	520,00	322,40
		1 BD-BEHAELTER			
					4 788,26
		15 % UMSATZSTEUER			718,24

Konto Soll Haben
Gebucht:

Eingangsstempel
31.12.19..

ER 2866/GL

Zahlungsart:
BIS 5. D. DER LIEFG. FOLG. MON. M 3 % SKO   Rechnungsbetrag   5 506,50

Die Lieferung erfolgt zu den bekannten Lieferbedingungen auf Rechnung und Gefahr des Empfängers. Die Ware bleibt bis zur vollständigen Bezahlung unser Eigentum.
Reklamationen müssen innerhalb 8 Tagen vorgebracht werden. Erfüllungsort und Gerichtsstand Offenbach a. M.

Telegramme	Telex 0415 2823	Geschäftszeit	Banken	Postbank
MEWAFA Offenbachmain	Telefon 8 50 41	Mo.–Fr. 7.30–16.30 Uhr	Commerzbank 376 145	Frankfurt (Main) 99 05-607
	Postfach 24 25	Waldstraße 232	Dresdner Bank 185 373	

6501100

Beleg 18:

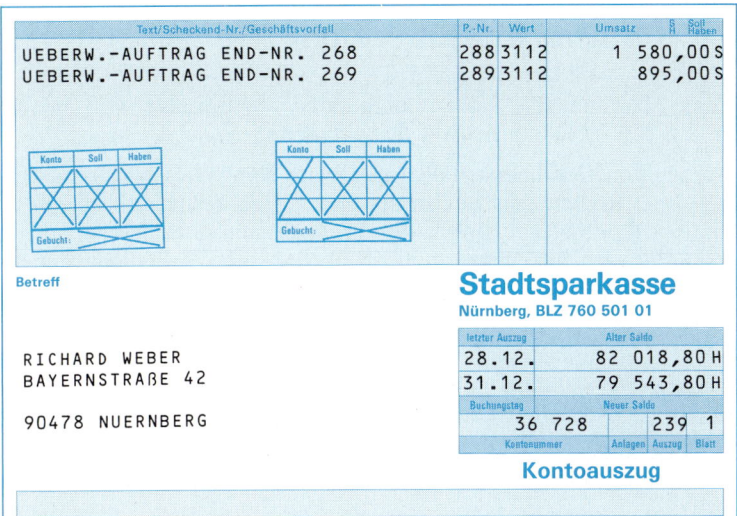

Text/Scheckend-Nr./Geschäftsvorfall	P.-Nr.	Wert	Umsatz	S H	Soll Haben
UEBERW.-AUFTRAG END-NR. 268	288	3112	1 580,00	S	
UEBERW.-AUFTRAG END-NR. 269	289	3112	895,00	S	

Betreff

Stadtsparkasse
Nürnberg, BLZ 760 501 01

letzter Auszug	Alter Saldo
28.12.	82 018,80 H
31.12.	79 543,80 H
Buchungstag	Neuer Saldo
36 728	239 1
Kontonummer	Anlagen	Auszug	Blatt

RICHARD WEBER
BAYERNSTRASSE 42

90478 NUERNBERG

Kontoauszug

Beleg 19:

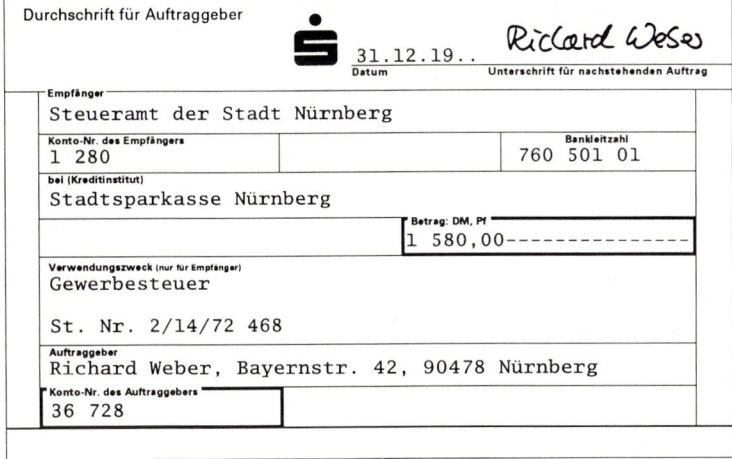

Durchschrift für Auftraggeber

31.12.19.. — *Richard Weber*
Datum — Unterschrift für nachstehenden Auftrag

Empfänger
Steueramt der Stadt Nürnberg

Konto-Nr. des Empfängers: 1 280
Bankleitzahl: 760 501 01

bei (Kreditinstitut)
Stadtsparkasse Nürnberg

Betrag: DM, Pf
1 580,00----------------

Verwendungszweck (nur für Empfänger)
Gewerbesteuer

St. Nr. 2/14/72 468

Auftraggeber
Richard Weber, Bayernstr. 42, 90478 Nürnberg

Konto-Nr. des Auftraggebers
36 728

Beleg 20:

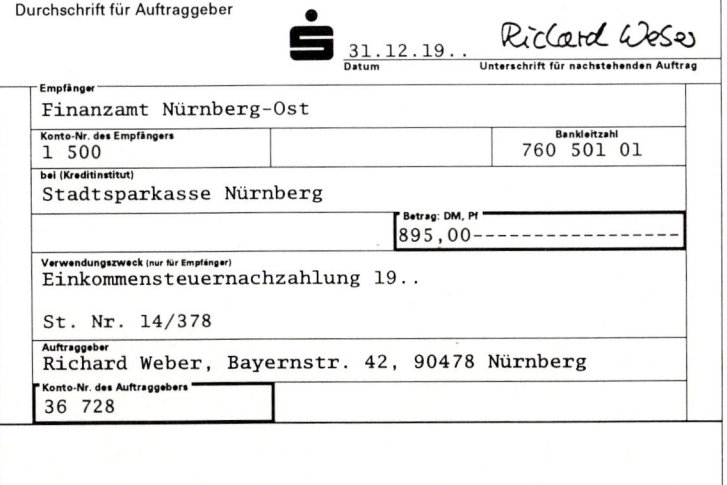

Durchschrift für Auftraggeber

31.12.19.. — *Richard Weber*
Datum — Unterschrift für nachstehenden Auftrag

Empfänger
Finanzamt Nürnberg-Ost

Konto-Nr. des Empfängers: 1 500
Bankleitzahl: 760 501 01

bei (Kreditinstitut)
Stadtsparkasse Nürnberg

Betrag: DM, Pf
895,00------------------

Verwendungszweck (nur für Empfänger)
Einkommensteuernachzahlung 19..

St. Nr. 14/378

Auftraggeber
Richard Weber, Bayernstr. 42, 90478 Nürnberg

Konto-Nr. des Auftraggebers
36 728

22   Die Abschlußübersicht (Betriebsübersicht)

Durch den Abschluß aller Konten und durch die Inventur wird am Jahresende die Gewinn-und Verlustrechnung sowie die Schlußbilanz erstellt.

Beim Buchen von Geschäftsvorfällen und beim Kontenabschluß schleichen sich leicht Buchungs- oder Rechenfehler ein. In der Praxis ist es deshalb üblich, vor dem Abschluß der Hauptbuchkonten eine **Kontrolle (Probeabschluß)** einzuschalten. Dies geschieht nach den Laufenden Buchungen in einer tabellarischen Aufstellung, der **Abschlußübersicht (Betriebsübersicht).**

Eine solche Übersicht kann auch in kürzeren Zeitabständen (z. B. monatlich) aufgestellt werden, um dem Kaufmann einen ständigen und schnellen Einblick in seine geschäftliche Situation zu geben und ihm eine Entscheidungshilfe zu bieten, ohne alle umfangreichen Abschlußarbeiten vornehmen zu müssen.

Der Aufbau der Abschlußübersicht (Betriebsübersicht)

Die Konten werden in der Reihenfolge ihrer Anordnung im Hauptbuch untereinander geschrieben. Dann werden die Summen der Soll- und Habenseiten sämtlicher Konten errechnet. Sie ergeben sich aus den Anfangsbeständen und den Veränderungen durch die Geschäftsvorfälle.

1. Summenbilanz

Die auf den Konten errechneten Summen werden in der Summenbilanz unverrechnet gegenübergestellt. Sie bilden die Grundlage der Abschlußübersicht. Beide Seiten der Summenbilanz müssen nach Addition der Einzelsummen übereinstimmen, da bei jeder Buchung Lastschrift und Gutschrift gleich hoch sein müssen. Daher wird die Summenbilanz auch **Probebilanz** genannt.

Weichen die beiden Summen jedoch voneinander ab, so wurde entweder falsch gerechnet oder fehlerhaft gebucht (z. B. zweimaliges Buchen im Soll oder im Haben, Unterlassen der Gegenbuchung). Die Summenbilanz bietet damit eine wirksame **Kontrolle für die rechnerische Richtigkeit** der Buchungen.

Der **Buchungsinhalt** kann durch die Summenbilanz allerdings nicht auf seine Richtigkeit überprüft werden, da Buchungsunterlassungen, Doppelbuchungen, falsche Buchungssätze oder falsche Zahlen hier nicht zu erkennen sind.

2. Saldenbilanz I

Durch Saldieren der Soll- und Habenbeträge jedes Kontos entsteht die Saldenbilanz I. Der Saldo steht – im Gegensatz zum Konto – auf der wertmäßig größeren Seite. Sind die Summen richtig saldiert und die Salden richtig addiert worden, müssen auch hier die Soll- und Habenseite übereinstimmen.

3. Umbuchungen (Vorbereitende Abschlußbuchungen)

In dieser Spalte werden die **Vorbereitenden Abschlußbuchungen** vorgenommen. Bisher sind Ihnen bekannt:

Abschreibungen auf das Anlagevermögen,
Übertrag der Privatkonten auf das Eigenkapital,
Umbuchung der Bestandsveränderungen,
Verrechnung der Konten Vorsteuer und Umsatzsteuer.

6501102

Zusätzlich werden hier **Berichtigungsbuchungen** vorgenommen, wenn sich durch den Vergleich zwischen den Buchbeständen der Saldenbilanz I und den Istbeständen lt. Inventur Unterschiede ergeben haben (z. B. Kassendifferenz).

Da die Umbuchungen nach den Regeln der Doppik vorgenommen werden, muß auch hier Summengleichheit vorliegen.

4. Saldenbilanz II

Durch Verrechnung der Umbuchungen mit den Beträgen der Saldenbilanz I ergeben sich die **endgültigen** Salden, deren Summen im Soll und Haben wieder übereinstimmen müssen. Aus Gründen der Übersichtlichkeit werden die Beträge zunächst in der Saldenbilanz II ausgewiesen, aus der dann die Schlußbilanz und die Gewinn- und Verlustrechnung (Erfolgsbilanz) erstellt werden.

5. Schlußbilanz

Die Schlußbilanz übernimmt die Salden der **Bestandskonten.** In der Praxis ergeben sie sich aus der Inventur. Sie sind jetzt identisch mit den Beträgen der Saldenbilanz II, da eventuelle Differenzen in der Spalte Umbuchungen berichtigt worden sind.

Die Summen der Aktiva und Passiva sind in der Regel nicht gleich. Die Differenz ist der Gewinn oder der Verlust. Dieser Saldo muß jedoch dem Saldo der Erfolgsbilanz entsprechen.

6. Erfolgsbilanz (Gewinn- und Verlust)

In dieser Spalte werden alle **Aufwendungen** und **Erträge** gegenübergestellt. Der Saldo der Erfolgsbilanz ist der **Gewinn** oder der **Verlust** des Unternehmens, der mit dem durch Eigenkapitalvergleich ermittelten Erfolg übereinstimmen muß.

In unserem Beispiel (s. S. 104) überwiegen die Erträge um 58 700,00 DM. Es ist also ein **Gewinn** erwirtschaftet worden. Dadurch ergibt sich in der Schlußbilanz eine **Kapitalmehrung.**

Überwiegen die Aufwendungen, so ist ein **Verlust** entstanden. Dann ergibt sich in der Schlußbilanz eine **Kapitalminderung.**

Die **Abschlußübersicht (Betriebsübersicht)** dient zur
- Kontrolle der rechnerischen Richtigkeit der Buchungen;
- Übersicht in leicht überschaubarer Form über eine Rechnungsperiode (Geschäftsjahr oder Monat) und zeigt vor allem
  - den gegenwärtigen Stand des Vermögens und der Schulden,
  - die Größe und Entstehung des Erfolges;
- Entscheidungsgrundlage für zukünftige unternehmerische Tätigkeit;
- Vorbereitung und Erleichterung des Abschlusses der Konten im Hauptbuch.

Abschlußübersicht (Betriebsübersicht)

Konten	Summenbilanz S	Summenbilanz H	Saldenbilanz I S	Saldenbilanz I H	Umbuchungen S	Umbuchungen H	Saldenbilanz II S	Saldenbilanz II H	Schlußbilanz Aktiva	Schlußbilanz Passiva	Erfolgsbilanz Aufw.	Erfolgsbilanz Erträge
Geschäftsausstattg.	27 000,00	2 000,00	25 000,00			2 500,00	22 500,00		22 500,00			
Warenbestände	32 000,00		32 000,00			6 000,00	26 000,00		26 000,00			
Forderungen	146 500,00	110 600,00	35 900,00				35 900,00		35 900,00			
Vorsteuer	42 400,00	38 900,00	3 500,00			3 500,00						
Kasse	41 400,00	35 300,00	6 100,00				6 100,00		6 100,00			
Bank	294 000,00	218 500,00	75 500,00				75 500,00		75 500,00			
Eigenkapital		110 500,00		110 500,00	30 000,00			80 500,00		80 500,00		
Verbindlichkeiten	135 200,00	160 700,00		25 500,00				25 500,00		25 500,00		
Umsatzsteuer	53 000,00	57 800,00		4 800,00	3 500,00			1 300,00		1 300,00		
Wareneingang	250 000,00		250 000,00		6 000,00		256 000,00				256 000,00	
Personalkosten	34 000,00		34 000,00				34 000,00				34 000,00	
Mieten	26 400,00		26 400,00				26 400,00				26 400,00	
Allg. Verw.-Kosten	7 800,00		7 800,00				7 800,00				7 800,00	
Abschreibungen					2 500,00		2 500,00				2 500,00	
Warenverkauf		385 400,00		385 400,00				385 400,00				385 400,00
Privatentnahmen	30 000,00		30 000,00			30 000,00						
	1 119 700,00	1 119 700,00	526 200,00	526 200,00	42 000,00	42 000,00	492 700,00	492 700,00	166 000,00	107 300,00	326 700,00	385 400,00
										58 700,00	58 700,00	
									166 000,00	166 000,00	385 400,00	385 400,00

Abschlußangaben:

1. Abschreibung auf Geschäftsausstattung .... 2 500,00 DM
2. Warenbestand laut Inventur .... 26 000,00 DM
3. Übrige Buchwerte .... = Inventurbestände

Berechnung des neuen Kapitals:

Eigenkapital am Jahresanfang	110 500,00 DM
– Privatentnahmen	30 000,00 DM
	80 500,00 DM
+ Gewinn	58 700,00 DM
= Eigenkapital am Jahresende	139 200,00 DM

Arbeitsablauf beim Einschalten einer Abschlußübersicht (Betriebsübersicht):

1. Eröffnen der Konten,
2. Buchen der Geschäftsvorfälle,
3. Errechnen der Summen in den Konten,
4. Übernahme dieser Summen in die Summenbilanz,
5. Saldieren der Soll- und Habensummen (= Saldenbilanz I),
6. Vornahme der Umbuchungen (Vorbereitenden Abschlußbuchungen),
7. Aufstellen der Saldenbilanz II,
8. Aufstellen der Schlußbilanz,
9. Aufstellen der Erfolgsbilanz,
10. Errechnen des neuen Kapitals.

Auf diese Weise werden in einer Abschlußübersicht die Ergebnisse außerhalb der Konten des Hauptbuches ermittelt.

Die **Reihenfolge der Buchungen beim Abschluß in den Konten** sieht folgendermaßen aus:

Vorbereitende Abschlußbuchungen (Umbuchungen):

Abschreibungen	an Geschäftsausstattung	2 500,00
Eigenkapital	an Privatentnahmen	30 000,00
Wareneingang	an Warenbestände	6 000,00
Umsatzsteuer	an Vorsteuer	3 500,00

Abschlußbuchungen:

1. Gewinn und Verlust	an **Aufwandskonten**	326 700,00
	Wareneingang	256 000,00
	Personalkosten	34 000,00
	Mieten	26 400,00
	Allg. Verwaltungskosten	7 800,00
	Abschreibungen	2 500,00
2. **Ertragskonto**		
Warenverkauf	an Gewinn und Verlust	385 400,00
3. Gewinn und Verlust	an Eigenkapital (Gewinn)	58 700,00
4. Schlußbilanzkonto	an **Aktivkonten**	166 000,00
	Geschäftsausstattung	22 500,00
	Warenbestände	26 000,00
	Forderungen	35 900,00
	Kasse	6 100,00
	Bank	75 500,00
5. **Passivkonten**	an Schlußbilanzkonto	166 000,00
Eigenkapital		139 200,00
Verbindlichkeiten		25 500,00
Umsatzsteuer		1 300,00

Erstellen Sie aufgrund der folgenden Summenbilanzen Abschlußübersichten.

97 98		97		98	
Konten	Soll	Haben	Soll	Haben
Geschäftsausstattung	48 600,00		45 200,00	
Warenbestände	14 900,00		51 200,00	
Forderungen	120 200,00	89 700,00	126 300,00	91 600,00
Vorsteuer	39 300,00	36 200,00	40 400,00	39 050,00
Kasse	51 900,00	47 600,00	54 600,00	48 200,00
Bankguthaben	278 100,00	215 400,00	265 100,00	215 800,00
Eigenkapital		87 500,00		98 950,00
Verbindlichkeiten	205 300,00	231 800,00	209 200,00	242 600,00
Umsatzsteuer	36 200,00	49 300,00	39 050,00	47 650,00
Wareneingang	238 500,00		213 500,00	
Mieten	27 500,00		30 500,00	
Allg. Verwaltungskosten .	25 700,00		26 400,00	
Abschreibungen				
Warenverkauf		328 700,00		317 600,00
	1 086 200,00	1 086 200,00	1 101 450,00	1 101 450,00

Abschlußangaben:

Abschr. auf Geschäftsausstg. v. BW	12,5 %	10 %
Warenbestand laut Inventur	38 100,00	49 300,00
Übrige Buchwerte = Inventurbestände		

99 100		99		100	
Konten	Soll	Haben	Soll	Haben
Fuhrpark	82 600,00	2 600,00	73 400,00	3 400,00
Geschäftsausstattung	51 500,00		46 500,00	
Warenbestände	90 700,00		36 000,00	
Forderungen	651 360,00	610 750,00	628 480,00	573 160,00
Vorsteuer	102 460,00	98 620,00	91 400,00	84 720,00
Kasse	42 710,00	36 870,00	38 290,00	31 710,00
Eigenkapital		119 350,00		149 080,00
Bankschulden	386 720,00	420 880,00	361 480,00	394 170,00
Verbindlichkeiten	526 280,00	572 460,00	483 960,00	526 340,00
Umsatzsteuer	98 620,00	117 970,00	84 720,00	102 260,00
Wareneingang	534 120,00		525 340,00	
Personalkosten	92 640,00		84 750,00	
Steuern	12 860,00		11 420,00	
Energie	26 280,00		26 810,00	
Allg. Verwaltungskosten .	18 740,00		15 460,00	
Abschreibungen				
Warenverkauf		786 460,00		681 730,00
Privatentnahmen	48 370,00		38 560,00	
	2 765 960,00	2 765 960,00	2 546 570,00	2 546 570,00

Abschlußangaben:

Abschr. auf Fuhrpark v. BW	20 %	25 %
Abschr. auf Geschäftsausstg. v. BW	10 %	10 %
Warenbestand laut Inventur	82 540,00	36 490,00
Übrige Buchwerte = Inventurbestände		

6501106

Vorläufige Summenbilanz eines Großhandelsbetriebes:

101
102

Konten	101 Soll	Haben	102 Soll	Haben
Geschäftsausstattung	28 300,00	2 100,00	24 600,00	3 400,00
Warenbestände	10 400,00		19 800,00	
Forderungen	174 850,00	154 260,00	185 720,00	165 340,00
Vorsteuer	24 650,00	23 600,00	24 400,00	23 200,00
Kasse	45 740,00	43 980,00	54 370,00	52 830,00
Eigenkapital		87 950,00		99 290,00
Bankschulden	161 020,00	177 300,00	171 060,00	190 250,00
Verbindlichkeiten	124 600,00	145 800,00	134 800,00	156 100,00
Umsatzsteuer	25 300,00	26 500,00	24 500,00	27 900,00
Wareneingang	153 860,00		154 730,00	
Personalkosten	42 180,00		53 140,00	
Mieten	24 000,00		34 250,00	
Allg. Verwaltungskosten .	11 270,00		8 960,00	
Abschreibungen				
Warenverkauf		176 780,00		186 220,00
Eigenverbrauch von Waren				
Privatentnahmen	12 100,00		14 200,00	
	838 270,00	838 270,00	904 530,00	904 530,00

Aufgaben:

1. Richten Sie die o. a. Konten im Hauptbuch ein.
2. Tragen Sie die Summen in den Konten vor.
3. Buchen Sie die folgenden Geschäftsvorfälle in den Konten.
4. Nehmen Sie den Abschluß in der Abschlußübersicht (Betriebsübersicht) vor.

Geschäftsvorfälle:

	101	102
1. Wareneinkauf auf Ziel, Warenwert	2 400,00	2 500,00
+ Umsatzsteuer	360,00	375,00
2. Banküberweisung eines Kunden	2 750,00	3 190,00
3. Barzahlung für Fernsprechgebühren	367,00	405,00
4. Warenverkauf auf Kredit, Warenwert	4 000,00	4 200,00
+ Umsatzsteuer	600,00	630,00
5. Private Banküberweisung des Inhabers	280,00	260,00
6. Barzahlung eines Kunden	250,00	200,00
7. Banküberweisung an einen Lieferer	2 860,00	3 250,00
8. Warenentnahme des Inhabers, Warenwert	200,00	300,00
+ Umsatzsteuer	30,00	45,00
9. Banküberweisung für Miete eines Lagerraumes	1 500,00	2 350,00
10. Barentnahme des Inhabers für Privatzwecke	500,00	600,00
11. Barzahlung für Büromaterial, netto	300,00	400,00
+ Umsatzsteuer	45,00	60,00
12. Abhebung vom Bankkonto	2 600,00	3 800,00
13. Gehaltszahlung bar	3 100,00	3 500,00

Abschlußangaben: (Die übrigen Buchwerte stimmen mit den Inventurwerten überein.)

Abschreibung = 10 % der Anschaffungskosten von	32 800,00	28 600,00
Warenbestand laut Inventur	98 200,00	72 500,00

103 Anfangsbestände:

Fuhrpark	15 000,00	Eigenkapital	?
Geschäftsausstattung	12 000,00	Darlehnsschulden	20 000,00
Waren	64 800,00	Bankschulden	8 700,00
Forderungen	36 400,00	Verbindlichkeiten	46 100,00
Kasse	3 200,00	Umsatzsteuer	720,00

Kontenplan:

Eröffnungsbilanzkonto, Fuhrpark, Geschäftsausstattung, Warenbestände, Forderungen, Vorsteuer, Kasse, Darlehensschulden, Bankschulden, Verbindlichkeiten, Umsatzsteuer, Zinsaufwendungen, Provisionserträge, Wareneingang, Mieten, Instandhaltung, Allgemeine Verwaltungskosten, Abschreibungen, Warenverkauf, Gewinn und Verlust, Privatentnahmen, Eigenkapital, Schlußbilanzkonto.

Die folgenden Belegangaben sind zu buchen (allgemeiner Steuersatz):

Eingangsrechnung:

1. Nr. 483 für Zieleinkauf von Waren, Warenwert 9 600,00
   + Umsatzsteuer .... ?   ?

Ausgangsrechnungen:

2. Nr. 1262–1268 für Zielverkäufe von Waren, Warenwert 32 600,00
   + Umsatzsteuer .... ?   ?

Kassenbelege:

3. Quittung über den Kauf von Briefmarken 80,00
4. Quittung über den Kauf von Fußbodenpflegemitteln,
   netto 60,00
   + Umsatzsteuer .... ?   ?
5. Quittung über die Zahlung für eine Kfz-Inspektion,
   netto 240,00
   + Umsatzsteuer .... ?   ?

Bankauszüge:

a) Lastschriften
   6. Überweisung an einen Lieferer 5 928,00
   7. Überweisung der Zahllast 720,00
   8. Abbuchung für Büromiete 1 800,00
   9. Überweisung für eine Arztrechnung an den Inhaber .. 135,00
   10. Abbuchung für Darlehnszinsen 400,00

b) Gutschriften
   11. Überweisung von Kunden 4 275,00
   12. Scheck für eine Provision, netto 2 100,00
      + Umsatzsteuer .... ?   ?

   13. Bareinzahlung aus der Geschäftskasse 1 500,00

Sonstige Belege und Buchungsanweisungen:

14. Abschreibung auf Fuhrpark 25 % degressiv
15. Abschreibung auf Geschäftsausstattung 10 % linear von den AK 20 000,00
16. Warenbestand laut Inventur 49 300,00

104 Anfangsbestände:

Fuhrpark	19 600,00	Postbankguthaben	21 300,00
Geschäftsausstattung	10 500,00	Bankguthaben	34 800,00
Waren	82 900,00	Eigenkapital	?
Forderungen	27 100,00	Verbindlichkeiten	58 200,00
Kasse	4 600,00	Umsatzsteuer	1 250,00

Kontenplan: Eröffnungsbilanzkonto, Fuhrpark, Geschäftsausstattung, Warenbestände, Forderungen, Vorsteuer, Kasse, Postbank, Bank, Verbindlichkeiten, Umsatzsteuer, Zinserträge, Wareneingang, Personalkosten, Steuern/Beiträge und Versicherungen, Werbekosten, Energie- und Betriebsstoffe, Allgemeine Verwaltungskosten, Abschreibungen, Warenverkauf, Gewinn und Verlust, Privatentnahmen, Eigenkapital, Schlußbilanzkonto.

Die folgenden Belegangaben sind zu buchen (allgemeiner Steuersatz):

Ausgangsrechnungen:

1. Nr. 1756–1769 für Zielverkäufe, Warenwert 63 700,00
   + Umsatzsteuer .... ?
2. Brief an einen Kunden: Belastung mit Verzugszinsen . 72,00

Eingangsrechnungen:

3. Nr. 869 für Zieleinkauf von Waren, Warenwert 22 400,00
   + Umsatzsteuer .... ? ?
4. Nr. 870 für Werbedrucksachen, netto 480,00
   + Umsatzsteuer .... ? ?
5. Nr. 871 für die Lieferung von Benzin, netto 300,00
   + Umsatzsteuer .... ? ?

Kassenbelege:

6. Quittung: Lohnzahlung an einen Hilfsarbeiter 1 420,00
7. Quittung: Verkauf einer gebr. Schreibmaschine, netto 200,00
   + Umsatzsteuer .... ? ?

Postbankbelege:

8. Überweisung der Gewerbesteuer 470,00
9. Überweisung der Kfz-Versicherungsprämie 1 260,00
10. Überweisung von Kunden 14 390,00
11. Überweisung der Prämie für die Lebensversicherung d. Inhabers 2 300,00
12. Überweisung der Umsatzsteuer 1 250,00
13. Überweisung der Telefongebühren 478,00

Bankbelege:

14. Scheckeinzug von Kunden 11 740,00
15. Überweisung an einen Lieferer 14 580,00
16. Gutschrift für Bankzinsen 134,00
17. Überweisung für Gehalt 3 860,00
18. Bareinzahlung eines Kunden 700,00
19. Überweisung des Beitrages an den Fachverband 100,00

Sonstige Belege und Buchungsanweisungen:

20. Abschreibung auf Fuhrpark 30 % vom Buchwert
21. Abschreibung auf Geschäftsausstattung 10 % von den AK 16 000,00
22. Warenbestand laut Inventur 60 570,00

105 **Anfangsbestände:**

Geschäftsausstattung	21 000,00	Eigenkapital	?
Waren	72 400,00	Darlehnsschulden	30 000,00
Forderungen	56 800,00	Bankschulden	8 700,00
Kasse	3 700,00	Verbindlichkeiten	49 200,00
Postbankguthaben	28 600,00	Umsatzsteuer	1 560,00

Kontenplan: Eröffnungsbilanzkonto, Geschäftsausstattung, Warenbestände, Forderungen, Vorsteuer, Kasse, Postbank, Darlehensschulden, Bankschulden, Verbindlichkeiten, Umsatzsteuer, Zinsaufwendungen, Wareneingang, Personalkosten, Mieten, Steuern, Energie, Kosten der Warenabgabe, Allgemeine Verwaltungskosten, Abschreibungen, Warenverkauf, Eigenverbrauch von Waren, Gewinn und Verlust, Privatentnahmen, Eigenkapital, Schlußbilanzkonto.

Geschäftsvorfälle (allgemeiner Steuersatz):

1. Wir verkaufen Waren auf Ziel, Warenwert 44 600,00
   + Umsatzsteuer .... ? –   ? –

2. Der Inhaber überweist die Prämie für die Hausratversicherung durch die Bank 230,00

3. Wir kaufen eine Schreibmaschine gegen Postbankscheck, netto 900,00
   + Umsatzsteuer .... ?   ?

4. Ein Kunde überweist auf unser Bankkonto 12 768,00

5. Wir kaufen Briefmarken bar 120,00

6. Wir zahlen Gehalt durch Banküberweisung 3 100,00

7. Wir kaufen Verpackungsmaterial bar, netto 300,00
   + Umsatzsteuer .... ?   ?

8. Die Bank belastet uns mit Darlehnszinsen 200,00
   und mit Zinsen für die Kontoüberziehung 75,00   275,00

9. Wir kaufen Waren auf Ziel, Warenwert 7 800,00
   + Umsatzsteuer .... ?   ?

10. Wir überweisen vom Postbankkonto für Umsatzsteuer .. 1 560,00
         für Gewerbesteuer . 1 200,00
         für Telefonrechnung 570,00   3 330,00

11. Der Inhaber entnimmt der Kasse 700,00
         und für den Haushalt Waren, netto 300,00
         + Umsatzsteuer .... ?   ?

12. Wir wandeln eine Liefererschuld in eine Darlehnsschuld um   5 000,00

13. Wir überweisen durch die Bank für Miete 1 600,00
         für Fernwärme 400,00
         + Umsatzsteuer .... ?   ?

14. Wir überweisen vom Postbankkonto an einen Lieferer .. 17 500,00

Abschlußangaben:

Abschreibung auf Geschäftsausstattung vom Buchwert ..... 10 %
Warenbestand laut Inventur 43 400,00

106 **Anfangsbestände:**

Fuhrpark	10 240,00	Postbankguthaben	16 840,00
Geschäftsausstattung	7 200,00	Bankguthaben	21 630,00
Waren	91 680,00	Eigenkapital	?
Forderungen	47 530,00	Verbindlichkeiten	62 810,00
Kasse	1 280,00	Umsatzsteuer	1 890,00

Kontenplan:

Eröffnungsbilanzkonto, Fuhrpark, Geschäftsausstattung, Warenbestände, Forderungen, Vorsteuer, Kasse, Postbank, Bank, Verbindlichkeiten, Umsatzsteuer, Wareneingang, Personalkosten, Mieten, Steuern, Energie, Werbe- und Reisekosten, Instandhaltung, Allgemeine Verwaltungskosten, Abschreibungen, Warenverkauf, Gewinn und Verlust, Privatentnahmen, Privateinlagen, Eigenkapital, Schlußbilanzkonto.

Geschäftsvorfälle (allgemeiner Steuersatz):

1. Banküberweisung für Geschäftsmiete 2 000,00
   für Miete der Wohnung des Inhabers 900,00   2 900,00

2. Barzahlung für eine Kfz-Reparatur, netto 700,00
   + Umsatzsteuer .... ?   ?

3. Warenverkäufe auf Ziel, Warenwert 48 600,00
   gegen bar, Warenwert 7 800,00
   + Umsatzsteuer .... ?   ?

4. Barentnahme des Inhabers für eine Geschäftsreise 2 500,00

5. Postbanküberweisung der Zahllast 1 890,00
   für eine Werbeanzeige, netto 600,00
   + Umsatzsteuer .... ?   ?

6. Kauf eines Gabelstaplers, netto 5 200,00
   + Umsatzsteuer .... ?
   gegen Bankscheck 5 500,00
   Der Rest wird bar bezahlt .... ?

7. Wareneinkauf auf Ziel, Warenwert 27 200,00
   + Umsatzsteuer .... ?   ?

8. Einlage des Inhabers auf Postbankkonto 12 000,00

9. Banküberweisung für Gewerbesteuer 810,00
   für Gehalt 2 990,00
   an einen Lieferer 7 230,00 11 030,00

10. Postbanküberweisung von einem Kunden 8 350,00

11. Barkauf von Büromaterial, netto 280,00
    von Putzmaterial, netto 120,00
    + Umsatzsteuer .... ?   ?

12. Banküberweisung für Heizölrechnung, netto 2 600,00
    + Umsatzsteuer .... ?   ?

Abschlußangaben:
Abschreibung auf Fuhrpark 20% degressiv
Abschreibung auf Geschäftsausstattung 10 % linear von den AK 12 000,00
Warenbestand laut Inventur 92 400,00

107 **Anfangsbestände:**

Fuhrpark	15 000,00	Kasse	3 210,00
Geschäftsausstattung	18 000,00	Bankguthaben	33 520,00
Waren	83 800,00	Eigenkapital	?
Forderungen	48 600,00	Darlehnsschulden	20 000,00
Vorsteuerguthaben	1 260,00	Verbindlichkeiten	67 200,00

Kontenplan:

Eröffnungsbilanzkonto, Fuhrpark, Geschäftsausstattung, Warenbestände, Forderungen, Vorsteuer, Kasse, Bank, Darlehnsschulden, Verbindlichkeiten, Umsatz- steuer, Zinsaufwendungen, Wareneingang, Mieten, Energie- und Betriebsstoffe, Provisionen, Kosten der Warenabgabe, Allgemeine Verwaltungskosten, Abschreibungen, Warenverkauf, Gewinn und Verlust, Privatentnahmen, Eigenkapital, Schlußbilanzkonto.

Geschäftsvorfälle (allgemeiner Steuersatz):

1. Warenverkäufe auf Ziel (frachtfrei), Warenwert 42 600,00
   + Umsatzsteuer .... ? ?
2. Barzahlung der Transportkosten hierfür, netto 100,00
   + Umsatzsteuer .... ? ?
3. Teilrückzahlung des Darlehns durch Banküberweisung .. 4 000,00
4. Barzahlung der Provision an unseren Reisenden, netto .. 2 400,00
   + Umsatzsteuer .... ? ?
5. Banküberweisung für eine Fachzeitschrift, netto 200,00
   + Umsatzsteuer .... ? ?
6. Wareneinkauf auf Ziel, Warenwert 5 800,00
   + Umsatzsteuer .... ? ?
7. Ermittlung und Banküberweisung der Zahllast .... ?
8. Barzahlung der Benzinrechnung (Geschäft), netto 260,00
   + Umsatzsteuer .... ? ?
   Barzahlung der Benzinrechnung (privat), netto 40,00
   + Umsatzsteuer .... ? ?
9. Warenverkäufe auf Ziel, netto 6 200,00
   gegen Bankscheck, netto 4 100,00
   bar, netto 700,00
   Der gesamte Warenwert beträgt 11 000,00
   + Umsatzsteuer .... ? ?
10. Barkauf von Geschäftsdrucksachen, netto 280,00
    + Umsatzsteuer .... ? ?
11. Bankbelastung für Darlehnszinsen 1 200,00
    für Barabhebung (Geschäftskasse) 1 000,00 2 200,00
12. Banküberweisung für Miete, netto 2 600,00
    für Telefonrechnung (Geschäft) 160,00
    für Telefonrechnung (privat) 95,00 2 855,00

Abschlußangaben:

Abschreibung auf Fuhrpark 25%, auf Geschäftsausstattung 10% v. BW
Warenbestand laut Inventur 51 020,00